国内外石墨烯专利技术发展概述

王勤生　杨永强　著

中国原子能出版社

图书在版编目（CIP）数据

国内外石墨烯专利技术发展概述／王勤生，杨永强
著. -- 北京：中国原子能出版社，2020.4 （2021.9重印）
ISBN 978-7-5221-0534-5

Ⅰ.①国… Ⅱ.①王… ②杨… Ⅲ.①石墨-纳米材
料-专利-技术发展-研究-世界 Ⅳ.①TB383

中国版本图书馆 CIP 数据核字（2020）第 069014 号

国内外石墨烯专利技术发展概述

出版发行	中国原子能出版社（北京市海淀区阜成路 43 号　　100048）	
责任编辑	胡晓彤	
责任校对	鹿小雪	
印　　刷	三河市南阳印刷有限公司	
经　　销	全国新华书店	
开　　本	787mm×1092mm　1/16	
印　　张	12.125	
字　　数	230 千字	
版　　次	2020 年 4 月第 1 版　2021 年 9 月第 2 次印刷	
书　　号	ISBN　978-7-5221-0534-5　　定　价　68.00 元	

网址：http://www.aep.com.cn　　　　E-mail：atomep123@126.com
发行电话：010-68452845

目录 Contents

第一章　绪论

1.1　石墨烯技术概述

现代科学之前一直以为，完美二维晶体结构无法在非绝对零度下稳定存在，直到 2004 年英国曼彻斯特大学的科学家成功从石墨中将具有完美二维结构石墨烯制备了出来，打开了新的二维材料世界大门，科学界被这种神奇的二维材料石墨烯所表现出的热、力、电等性能所震撼，对其关注度逐年上升，并开展了大量的理论及应用研究。下面将从石墨烯的发展历史，结构和制备技术以及应用方面对石墨烯的发展进程进行综合的梳理和介绍。

1.1.1　石墨烯技术发展历史

作为石墨的基本组成单元，石墨烯的概念最早出现于 1947 年，其后的七十多年一直停留在理论研究中。直到 2004 年，英国曼彻斯特大学 A. Geim 和 K. Novoselov 等人通过胶带反复剥离石墨，成功地剥离出单层稳定石墨烯，推翻了物理学中"二维结构在非绝对零度状态无法稳定存在"的理论，两人因此获得了 2010 年诺贝尔物理学奖。近年来，科学研究工作者不断改进石墨烯的制备方法和工艺，旨在简便高效地制备出高质量、低成本、层数可控的石墨烯，制备方法主要分为物理方法和化学方法。同时，因石墨烯材料具有优异的力学、热学、电学等性能，拥有柔性、透光性、超强导电性，成为非常有潜力的应用材料，有望在半导体、光伏、锂电池、超级电容器、电子传感器、电子显示器件等行业催生革命性进步。

1.1.2　石墨烯的结构和制备技术

石墨是由碳六角环形片状叠合而成的层状晶体结构，如图 1-1（a）所示，而石墨烯可以从石墨材料中剥离出来，由一个碳原子与周围三个近邻碳原子结合形成蜂窝状结构的碳原子单层，如图 1-1（b）所示。它们之间可以类比为"一本书和一页纸"的关系。正因为这种稳定存在的特殊结构，石墨烯具有比普通石墨更多的性能。石墨烯的出现，开启了人们对二维材料世界新的探索。

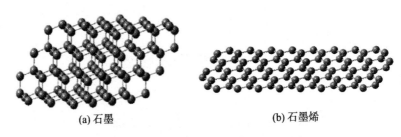

(a) 石墨　　　　　　　　　　　　　(b) 石墨烯

图 1-1　石墨和石墨烯的结构示意图[1]

由于石墨烯的二维结构，再加上其在纳米尺寸上的效应，赋予了石墨烯极其优异的力学、电学和热学等性能。具体如下：

（1）力学性能。石墨烯仅有一个碳原子的厚度，却具有高达 1 TPa 的拉伸模量和 130 GPa 的断裂强度，约为世界上最好的钢材的 100 多倍。它具有极好的弹性，可被拉伸至自身尺寸的 120%，如果能将石墨烯制成包装袋，虽然质量极轻，但它将能承受大约 2 t 的物品。石墨烯的硬度比莫氏硬度 10 级的金刚石还要高，却具有很好的韧性（可弯曲性），迄今很少有材料能够同时具备这两种性质。

（2）电学性能。电子在石墨烯中传输的阻力很小，在亚微米距离移动时没有散射，具有很好的电子传输性质，其中电子的运动速度达到了光速的 1/300，远远超过了电子在一般导体中的运动速度。最新的研究表明，石墨烯具有 10 倍于商用硅片的高载流子迁移率，也是目前已知的具有最高迁移率的锑化铟材料的 2 倍。因此，石墨烯材料有望成为硅的替代品，从而改变人类的生活。

（3）热学性能。石墨烯具有极强的导热性能，热导率高达 5000 W/m·K，单层石墨烯的热导率是室温下纯金刚石的 3 倍，金属铜的 12 倍。

（4）光学性能。单层石墨烯几乎透明，仅吸收 2.3% 的光，并具有电子能带、物理/化学性质易于调控等特点。

石墨烯的制备技术主要包括物理方法和化学方法，目前常用的物理制备方法有机械剥离法、液相或气相剥离法等，化学方法有氧化还原法、外延生长法、化学气相沉积法、电弧放电法等，下面对各个方法进行简单概述：

（a）微机械剥离法

作为最早的石墨烯制备方法，如图1-2（a）所示，是将石墨刻蚀或热解之后，利用胶带或其他手段定向分离，该方法制备手段简单，可以制备出单层高质量石墨烯，但是缺点是利用摩擦石墨表面获得的薄片筛选出单层的石墨烯薄片，得到的石墨稀片层很小，很难大规模应用到实际当中，不适合大规模的工业化应用。

(a)微机械剥离法

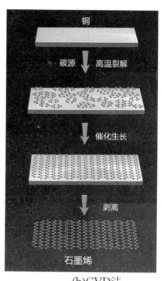

(b)CVD法

图1-2 制备石墨烯示意图

（b）化学气相沉积法（Chemical Vapor Deposition，CVD）

是指反应物质在气态条件下发生化学反应，生成固态物质沉积在加热的固态基体表面，进而制得固体材料的工艺技术。现有的CVD制备石墨烯的方法，多使用Cu等作为基底，氩气作为载气，甲烷作为碳源，有时候会掺入氢气作为还原剂，进行气相沉积反应，能够在基底上形成高质量的，高结晶度，大面积的石墨烯，如图1-2（b）所示。因此CVD制备高质量石墨烯的方法应用非常广泛。缺点在于制备石墨烯的成本相对其他制备方法比较高。

（c）氧化石墨还原法

如图1-3（a）所示，石墨在某种条件下能与强氧化剂反应，被氧化后在片层间带上羰基、羟基等基团，使石墨层间距变大成为氧化石墨[3]，最后对氧化石墨进行还原，得到石墨烯。氧化石墨还原法使工业化生产石墨烯成为可能。较为常用的有 Hummers 方法，Brodie 方法和 Staudenmaier 方法[2]。Hummers 方法通常使用浓硫酸、硝酸钠、高锰酸钾作为氧化剂，可以得到黄色的氧化石墨烯；Brodie 方法通常使用发烟硝酸和氯酸钾作为氧化剂；而 Staudenmaier 方法多使用发烟硝酸和浓硫酸混合酸以及氯酸钾作为氧化剂。石墨本身是疏水的，经过氧化处理后，表面和边缘具有大量含氧基团，例如羟基、羰基、环氧基等，使氧化后的石墨（氧化石墨烯）亲水性明显提高，更容易与其他物质发生反应，从而达到对氧化石墨烯改性的目的。但是该方法制备出的石墨烯导电性能和机械性能略有所降低，还原剂的污染问题也是一个生产中需要面临的难题。

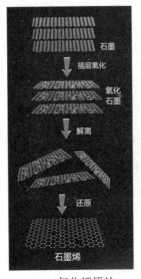

(a)氧化还原法

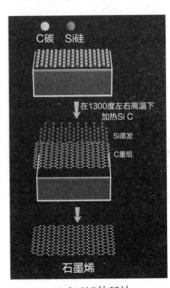

(b)SiC外延法

图 1-3　制备石墨烯示意图

（d）SiC 外延生长方法

如图 1-3（b）所示，该法是通过加热单晶 6H・SiC 脱除 Si，在单晶面上分解出石墨烯片层。先将 6H・SiC 经氧气或氢气刻蚀处理，在高真空下通过电子轰击加热除去表面的氧化物。用俄歇电子能谱检测表面的氧化物是否完全除尽，完全除尽后将样品加热升温至 1250～1450 ℃后恒温 1～20 min，从而得到很薄的石墨层[3]。Berger 等人已经能够非常好地制备出单层和多层石墨烯并对其性能进行研究[4]。这种方法得到的石墨烯具有较高的载流子迁移率，但很难制备出大面积单层石墨烯，而且更重要的是 SiC 的成本较高，这是制约该方法的主要问题。

（e）液相或气相剥离法

如图 1-4 所示，液相或气相剥离法包括液相和气相直接剥离石墨、液相和气相剥离膨胀石墨等方法。其中，液相直接剥离石墨生产的石墨烯结构缺陷少，导电、导热性能好，但其尺寸较小、对溶剂需求量大、产率低，较难实现工业化生产。相对而言，液相剥离膨胀石墨法能大大提高石墨烯产率，且可用水做溶剂，其工业化前景良好，目前已有数家企业采用该法实现石墨烯量产。Pu 等[5]和 Janowska 等[6]分别用 CO_2 和氨气插入对石墨片进行插层，克服片层之间的范德华力，以达到剥离石墨的目的，但气体对石墨片层的剥离并不充分，所以得到的石墨烯片层较厚，大约有 10 层。可见液相或气相剥离膨胀石墨获得的石墨烯产品结构缺陷少、片层结构完整，产品质量与液相直接剥离石墨法接近，其主要的问题是石墨烯片层数较多，一般为 8~10 层，同时其片层尺寸较小。因此该种方法所得的石墨烯产品适用于储能器件电极材料、导热膜、导电油墨、防腐涂料等[7]。

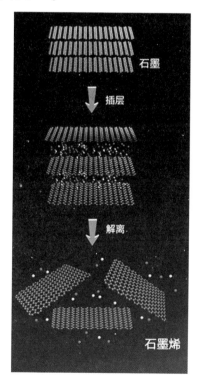

图 1-4　液相或气相剥离法制备石墨烯示意图

(f) 电化学法

电化学方法（图 1-5）是将两根纯度较高的石墨棒插入离子液体中，在两根石墨棒上接入电压，作为阳极的石墨棒逐渐被剥离，直接生成功能化石墨烯片层，不需要进一步还原。在这个过程中，离子溶液的种类和浓度会直接影响石墨烯的性能。此法缺点是很难制备单层石墨烯。

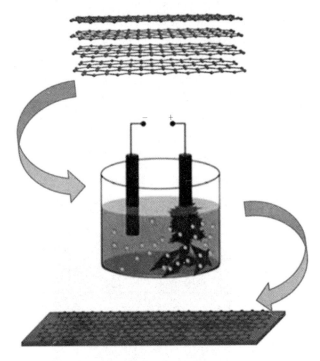

图 1-5　电化学方法制备石墨烯示意图[2]

从上述分析可以看出，不同制备方法的优缺点各不相同，将各方法结合产业上的优缺点列出表格，如表 1-1 所示，以使产业研究者能有更加直观的感受。

表 1-1　石墨烯各种制备方法的优缺点比较表

制备方法	优点	缺点
机械剥离法	制备简单，能够制备出高质量、高结晶石墨烯	制备成本高，产量低，效率低，不适合大规模工业应用

续表

制备方法	优点	缺点
化学气相沉积	产品质量高，面积大，易于生产单层石墨烯	转移过程比较昂贵，且容易造成破损
氧化石墨还原	成本低，周期短，适合大规模制备，且制备过程可以引入修饰	表面缺陷多，导电性和机械性能有所下降，还原剂有污染难以处理
SiC 外延生长	产品质量高，面积大，表面缺陷少	SiC 衬底昂贵，成本高
液相或气相剥离	产品质量较高，结构完整	工艺比较复杂，产率较低，团聚严重
电化学法	利于产业化制备	很难制备单层石墨烯

作为产业化考虑，不同应用领域对石墨烯材料的形态和物理化学特性的要求有所不同，相应地需要其制备与结构调控技术更有针对性。在实际应用过程中，应当根据需要来选择不同方法制备石墨烯，同时考虑产品质量，应用和成本的问题，需要在各个因素之间达到平衡，各因素之间的平衡趋势如图 1-6 所示[8]。因此，未来石墨烯生产技术将进一步趋向低成本、质量稳定和精细结构定向调控等方向发展。

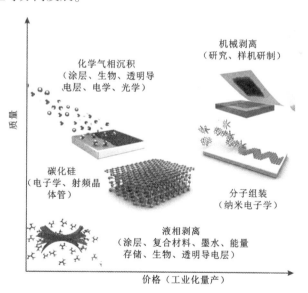

图 1-6　石墨烯制备方法成本和质量，应用平衡坐标图

1.1.3　石墨烯的应用

通过对石墨烯的结构和性能分析可知，石墨烯是目前世界上已知的最薄却最坚硬的纳米材料，具备极好的透光性、导电性、导热性和超大比表面积，在电子、航天、军工、生物、新能源、半导体等领域有广泛的应用潜力，被称作"后硅时代"可能改变世界的"神奇材料"。石墨烯的典型应用领域如图1-7所示，A是锂离子电池/超级电容器领域中的应用，B是在功能橡塑材料中的应用，C是在功能纤维织物中的应用，D是在功能涂料/涂层材料中的应用，E是石墨烯在柔性显示中的应用，F是在柔性传感器中的应用，G是在柔性导电膜中的应用。

图1-7　石墨烯的典型应用领域

中国科学院预计，到2024年前后，石墨烯器件可望替代CMOS（互补金属氧化物半导体）器件，其应用领域包括储能领域、传感器等器件领域、大健康领域、复合材料领域、柔性显示领域等，可以说是几乎在所有国民经济领域中具有广泛的应用，将整个石墨烯的应用做出示意图，如图1-8所示[9]。

对具体应用领域进行介绍如下：

（a）储能领域

在储能领域的应用主要包括锂离子电池、太阳能电池和超级电容器领域等。石墨烯材料在电导率、机械强度和柔韧性、化学稳定性、比表面积等具有突出特性，以及用石墨为原料采用化学氧化还原方法制备成本低等特点，非常适合作为锂电池的导电添加剂。通过改性石墨烯，例如，基于氮掺杂石墨烯或纳米孔石墨烯制备的复合电极，可大幅度改善锂离子电池的吸附、扩散和传输，从而提高锂电池的容量和充电效率[10]。

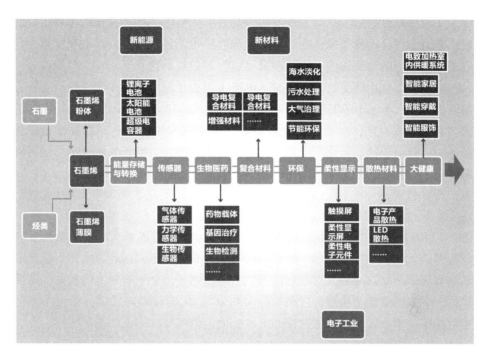

图1-8　石墨烯在产业中的应用图谱

　　石墨烯材料在太阳能电池应用方面也展现出独特的优势。石墨烯具有良好的透光性和导电性，很有潜力成为铟锡氧化物（ITO）的替代材料。因为铟资源非常缺乏，人们急需要寻找一种易得的材料替代这种稀少的材料。石墨烯透明导电膜具有较高的导电率，并且在400~1800 nm波长范围内透光率可以达到80%，显示出该材料在太阳能电池的电极领域有很大的应用前景[3]。

　　石墨烯具有高电导率、超大比表面积、高化学稳定性以及特有的层状结构。其中，石墨烯的层状结构有利于电解液在其内部迅速扩散，从而大大提高电子元件的瞬时大功率充放电性能，现在多将其与金属、金属氧化物、氢氧化物、炭材料或聚合物进行复合应用于超级电容器中[11]。

　　（b）传感器等器件领域

　　传感器，包括pH传感器、气体传感器、生物传感器等，是石墨烯材料最具前景的应用领域之一。石墨烯传感器的工作原理是石墨烯的导电性因石墨烯表面吸附的分子而发生改变化。这种导电性的变化归因于石墨烯吸附气体分子后载流子浓度的变化，而且，石墨烯的部分特点有助于提高它的敏感性，甚至达到对单个原子或分子进行检测[2]。

　　自从2007年，Schedin等[12]首次提出石墨烯传感性能以来，科学家们陆续做了很多相关报道，陆续发现石墨烯对 NO_2、NH_3、H_2O、CO 等都有很好的感应能力，而且石墨烯暴露在这些被检测物质中之后，通过 150 ℃ 真空退火处理或者短时间的紫外辐照，电导率又可以恢复到初始状态。

现有研究利用旋涂技术，在交叉电极上覆盖还原氧化石墨烯片获得了传感器（图 1-9A 与图 1-9B）。这种器件对于 NO_2 和 NH_3 具有不同的响应特点，其原因与石墨烯一样，以还原氧化石墨烯为基底的气敏传感器，在其本身的 P 型区域，吸电子的二氧化氮会减低其电阻，相反的，给电子的氨气会增加其电阻。这一类化学传感器可用于检测 TNT 爆炸时产生的 DNT，精度在 μg/L 以上。还有利用了一种不同的旋涂方法，即直接利用旋涂法先制得石墨烯薄膜，然后在薄膜边缘沉积上金电极，得到以石墨烯为基底的气敏传感器（图 1-9B），研究发现，相较于碳纳米管气敏器件，以还原石墨烯为基底的器件具有低噪声的优点；在原理方面，与剥离法得到的石墨烯不同，还原氧化石墨烯表面具有许多带氧官能团，这些官能团也会对检测气体分子有一定的吸附，从而导致电阻率的变化。当然，带氧官能团和 sp^2 杂化碳骨架对气体分子有不同的吸附速率，调节带氧官能团，原则上可有效地调节器件的灵敏度。

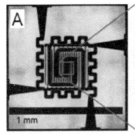 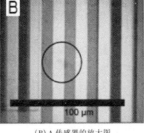 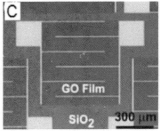

（A）先加工电极再旋涂上还原氧化石墨烯　　（B）A 传感器的放大图　　（C）先旋涂制备还原氧化石墨烯薄膜再加工电极

图 1-9　利用不同旋涂法构筑的气体传感器

除了对气体有传感作用外，Shan 等[13] 还报道了石墨烯的生物传感作用。他们选择葡萄糖氧化酶（GOD）作为酶模型，合成了聚乙烯吡咯烷酮（PVP）修饰的功能化石墨烯/聚乙烯吡咯烷酮电化学生物传感器，可以作为葡萄糖传感器。人类由于镉急性和慢性中毒会出现的肾功能不全、骨衰老、肺功能不全、肝损伤、高血压等疾病，石墨烯对镉的灵敏性可用于医学领域。此外，石墨烯材料还可以和聚苯胺结合可用于作为 DNA 的生物传感器，Huang 等[14] 利用石墨烯（GR）和 PANIw 修饰 GCE（如图 1-10 所示），制备出一种新型的 DNA 生物传感器。石墨烯和 PANIw 的协同作用所赋予的优异电子转移特征，使石墨烯/PANIw 纳米复合材料对互补 DNA 序列的检测表现出快速的电流响应、高灵敏度和良好的贮存稳定性。

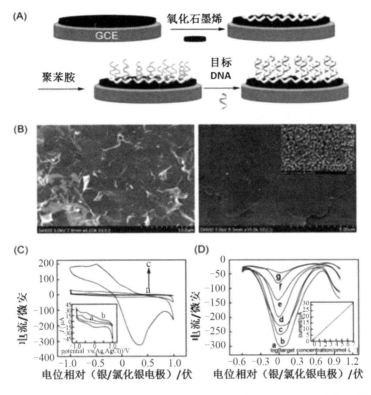

图 1-10　基于石墨烯和聚苯胺纳米线的新型电化学 DNA 生物传感器

（c）大健康领域

在大健康领域中，石墨烯首先应用在生物医药领域，而在生物医药领域，石墨烯首要应用于药物载体，即药物控制释放领域，石墨烯拥有大的比表面积，为运载药物提供了充足的空间。归功于它的二维结构，单层石墨烯的两面都可以作为分子或功能基团依附的基体。共价键修饰和非共价键修饰可以赋予石墨烯特定的生物活性并改善其生物相容性和胶体稳定性。目前有壳聚糖、叶酸、聚乙二醇等对石墨烯进行共价键修饰，得到的功能石墨烯在抗炎症、水溶性抗癌药物（包括阿霉素（Dox）、SN38、喜树碱衍生物等）的控制释放方面具有很好的前景[2]。

早在 2008 年，中国科学院上海应用物理研究所物理生物学实验室就开始了新型石墨烯纳米抗菌材料方面的研究工作，探索了氧化石墨烯的抗菌特性，发现氧化石墨烯的抗菌性源于其对大肠杆菌细胞膜的破坏，氧化石墨烯纳米悬液在与大肠杆菌孵育 2 h 后，对其抑制率超过 90%。更重要的是，氧化石墨烯不仅是一种新型的优良抗菌材料，而且对哺乳动物细胞产生的毒性很小[15]。

（d）复合材料领域

在复合材料领域，石墨烯具有优异的力学特性和电学性能，在作为聚合物基体的增强功能化添加剂方面被认为具有非常广泛的应用前景。美国西北大学的 Stankovich 和 Ruoff 等人在 Nature 上报道了如何制备出薄层石墨烯-聚苯乙烯纳米复合材料[16]。Haddon 所领导的小组制备出石墨烯-环氧树脂纳米材料。石墨烯的添加不仅有利于聚合物基体电化学性能和热传导性能的大大提高，还能使复合材料的力学特性也有所改善；但是由于这种方法使用了溶剂，很有可能使得到的复合材料出现轻微的孔洞[17]。

（e）柔性显示领域

随着科技的进步，柔性的电子皮肤、医疗保健、运动器材、智能手机、笔记本电脑、平板电脑逐步出现，而且成为今后产业的热门发展领域，石墨烯材料在上述领域都具有广泛的应用，包括石墨烯柔性电子触摸屏和柔性传感器[18]，关键是运用了石墨烯作为柔性电子应变传感器的传感机理，为了实现对触觉刺激的检测，传感器需要将刺激信号转换为电信号等易于输出的形式，常见的传感转换方式主要有4种，分别为压阻效应、电容效应、压电效应、光学效应，如图 1-11 所示。为了制备具有综合传感能力的传感单元，灵敏度、检测极限、响应和恢复时间以及工作电压等传感参数都可以作为评定传感器性能优劣的重要参考指标。如前文所述，具有较好电学性能的石墨烯与特定的传感机理结合可以制备具有不同性能的传感器件。

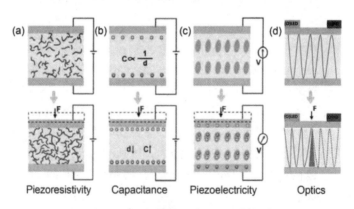

图 1-11　石墨烯传感机理示意图

（a）压阻效应；（b）电容效应；（c）压电效应；（d）光学效应

石墨烯材料在柔性显示领域还可以运用于柔性锂离子电池，如图 1-12 所示，柔性皮肤、智能穿戴[19-20]。

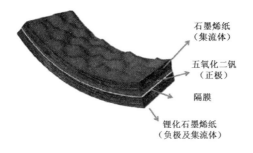

石墨烯纸
（集流体）

五氧化二钒
（正极）

隔膜

锂化石墨烯纸
（负极及集流体）

图1-12　石墨烯在柔性锂离子电池中的应用

而且石墨烯是目前已知强度最高、厚度最薄的材料，因其极佳的柔性和导电性，被认为是制备柔性导电材料的理想材料。将制备得到的大片石墨烯薄膜转移到柔性基底上以制备得到柔性导电薄膜，如图1-13所示。

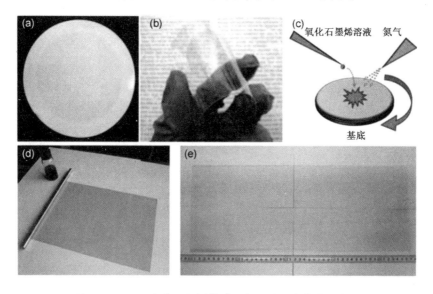

图1-13　利用大片石墨烯薄膜制备柔性导电薄膜示意图

可见自石墨烯诞生至今，短短十几年间，迅速进入科学家们的视野，并且凭自身优异的性能在各应用领域大放异彩。石墨烯的相关研究已经取得了一系列重大突破，在化学、物理、生物医学等领域都有极其广阔的应用。

1.2 石墨烯技术的研究及产业现状

1.2.1 研究背景

石墨烯由于具备特有的物理化学性能，在各个领域几乎都存在广泛的应用，具有极大的产业化价值，因而得到各国研发人员的重视。欧盟及其成员国在欧盟第七框架计划（FP7）及其接续的"地平线2020"计划、欧盟研究理事会（ERC）、欧洲科学基金会（ESF）等都部署了相关研究项目，美国、日本、韩国等国，也在其各类研究计划中资助石墨烯技术的研发[1]。我国在国家自然科学基金、973等一些相关的研发计划中资助了石墨烯的研发，在《"十三五"国家科技创新规划》中，也将石墨烯作为着力发展的先进功能材料和引领产业变革的颠覆性技术大力发展[21]。可见，世界各国均已认识到石墨烯的广阔市场前景，力争把握石墨烯技术革命和产业革命的机遇，正在形成技术研发和产业投资的高潮。发达国家将石墨烯列为一项影响未来国家核心竞争力的技术和必争的战略制高点，大力支持石墨烯的研发及商业化。可见各国对于石墨烯的研究竞争日益激烈，在这样的大趋势和大背景下，迫切需要推动我国石墨烯技术和应用的创新，为此本报告对石墨烯全球专利技术进行分析梳理，以求把握技术动向，为企业和地方机关的知识产权战略制定、技术开发提供信息基础和决策依据。

1.2.2 产业发展现状

1.2.2.1 全球产业现状

从全球石墨烯产业研发情况看，每年有大量学术投资机构涌入石墨烯市场。目前，已有包括美国、欧盟、日本等在内的100多个国家和地区投入石墨烯材料研发，且美、英、韩、日、欧盟等均将石墨烯研究提升至战略高度，期待它带来巨大的市场价值[1]。

据不完全统计，全球近万家公司涉足石墨烯研究，包括IBM、英特尔、美国晟碟、陶氏杜邦、通用、施乐、洛克希德·马丁、波音、诺基亚、三星、LG、日立、索尼、3M、东丽、东芝、海洋王照明科技、华为、辉锐、鸿海等。

石墨烯主要生产企业有美国的 Angstron Materials、Vorbeck Materials、XG Science、Carbon Sciences、Graphene Frontiers、Graphene Technologies 等，英国的 Applied Graphene Materials、Haydale Graphene Industries 等，韩国的三星电子、Graphene Square 等，日本的索尼、Incubation Alliance、Graphene Platform 等，以及国内的常州第六元素、常州二维碳素、宁波墨西科技有限公司、厦门凯纳、鸿纳（东莞）新材料、重庆墨希科技、济宁立特纳米、青岛华高墨烯科技等公司。国内的石墨烯企业以小型、初创型企业占比较多，中型企业相对数量较少。尽管企业数量初具规模，但龙头企业数量不多、规模相对较小，制约着整个产业链的发展和完善。目前，国内石墨烯生产企业的实际年产能大多不超过百吨级，并以石墨烯粉体产品为主。随着政策支持力度加大、资本持续投入以及宏量制备技术的突破，未来 5~10 年，多数企业年产能将达到千吨级，少部分大型企业年产能有望达到万吨级[7]。

Gartner 技术成熟度曲线对石墨烯这一新兴产业进行了描绘，如图 1-14 所示。石墨烯现阶段处于图中关注度的峰值区域，参照硅材料产业的成熟周期为 20 年来推断，石墨烯产业化完全发展成熟还需要到 2022 年后。

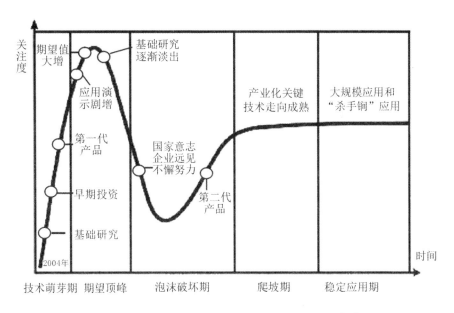

图 1-14　石墨烯产业的 Gartner 技术成熟度曲线[21]

有机构预计，到 2022 年，石墨烯产业化规模将取得突破，全球石墨烯材料市场将达 1000 亿元，分布在新能源、电子信息、复合材料、节能环保、热管理、生物医药等各领域。综合石墨烯技术发展水平与产业现状，以及全球各国对于石墨烯应用趋势预测，石墨烯材料的产业化发展大致可分为如下三个阶段。未来10年内，石墨烯主要作为改性材料来提高传统材料与功能器件的性能，主要应用领域包括动力电池/超级电容、防腐涂料、改性化纤、改性橡塑材料和导热散热材料等，其价值在于支撑传统产业升级换代。未来10~20年，石墨烯将在柔性电子产业领域发挥关键作用，在柔性显示、柔性传感、可穿戴设备等领域催生变革性技术和新兴产业，预计到2030年，石墨烯相关材料和技术将可以直接转换成为消费品，走到消费者身边。未来20年之后，石墨烯作为下一代高频晶体管核心材料的技术将走向成熟，由此在电子信息技术领域引发颠覆性技术革命[22]。

1.2.2.2 国内产业现状

国内石墨烯产业呈现集聚式发展特征，目前各地已建/在建石墨烯研究院或石墨烯产业基地共有30多家，主要分布在东部沿海和中部地区。比如，国家火炬无锡惠山石墨烯新材料特色产业基地、常州国家石墨烯新材料高新技术产业化基地和国家火炬青岛石墨烯及先进碳材料特色产业基地。此外，位于江苏省的国家级石墨烯产品质量监督检验中心（江苏）也已通过验收，而广东省也正在筹建国家级石墨烯产品质量监督检验中心。石墨烯产业基地或以科研技术为支撑，或以配套服务为平台，或以市场需求为导向，发展特色鲜明。国内石墨烯重点发展区域包括环渤海地区、东部沿海地区和内蒙古-黑龙江地区。其中，北京拥有全国半数以上的石墨烯科研院所和科研人员，人才、科技资源丰富，石墨烯基础研究处于国内领先地位。同时，北京还拥有全国最集中的投融资平台，对石墨烯产业发展形成有力的资金支撑。东部沿海地区（包括山东、江苏、上海、浙江、福建、广东等）是我国石墨烯产业发展最活跃、产业体系最完善、石墨烯下游应用市场开发最迅速的地区，该地区石墨烯相关企业数量超过千家，业务领域涵盖了石墨烯生产设备、原料制备、下游应用和科技服务等，产业链逐步完善。内蒙古-黑龙江地区因其拥有国内最丰富的石墨资源储量，也成为我国石墨烯产业发展的重点区域，但该地区石墨烯产业起步较晚，大多数企业处于初创阶段，发展速度较慢。石墨烯下游应用主要包括柔性显示、半导体电子器件、传感器、能量储存与转换、复合材料（增强、导电）、生物医药、环保以及散热材料等领域。预计未来五年，在能量储存与转换领域，我国石墨烯产业将在导电添加剂、聚合物电池、超级电容器等方面形成产业化的产品；在复合材料领域，封装材料、电磁屏蔽膜、多功能防腐涂料、导电油墨、导电橡胶/塑料等将是其主要发展方向；在柔性显示、半导体器件和传感器领域，柔性显示屏和智能可穿戴设备有望获得突破；在热管理领域，石墨烯导热膜、发热膜、导热塑料、导热涂料等将陆续应用于生产生活中；在节能环保领域，石墨烯润滑油将逐步推进，石墨烯海水淡化技术有望实现突破；在生物医药领域，应用研究将主要集中在生物安全性、纳米药物载体、基因测序、生物监测及诊断等方向，该领域石墨烯的应用尚需一段时间的临床试验。总体来看，我国乃至世界石墨烯产业仍处于产业化初期，石墨烯产品大多定位在石墨烯粉体材料，其主要下游应用领域尚局限在锂电池导电添加剂、涂料、导热膜等低端产品，柔性显示屏、半导体器件传感器等高端应用领域还需要进一步开发和探索。

第二章　研究内容和方法

2.1　研究内容

通过对石墨烯领域的全球专利分布进行深入挖掘和分析，梳理清楚石墨烯的关键技术和对应的核心专利及其技术研发趋势；通过对中国专利分布进行分析，确定关键技术和核心技术的专利分布和国内重要专利申请人。通过对美国、韩国等代表性国家的专利分析，确定其关键技术和核心技术的专利分布和重要专利申请人。结合产业发展的技术现状，从知识产权利用与发展的角度，分析行业技术发展现状、研究重点和面临的专利风险，从政府、行业和企业各层面为石墨烯产业政策制定、自主创新策略和企业专利布局等多方面提出合理化建议，导航石墨烯产业发展，促进产业升级换代，提升我国石墨烯产业核心竞争力。

2.1.1　研究方法

本概述分如下步骤进行研究：

（1）开展产业信息资料收集：通过对国内外产业信息、期刊数据、相关行业协会在线信息以及技术手册、书籍等信息源的整理，收集石墨烯的产业相关信息，明确该产业所涉及技术范围、上中下游产业链分布、国家相关政策情况以及国内外产业发展基本现状和趋势。

（2）开展相关企业调研：以处于国内石墨烯产业发展领先的省份江苏省重点生产企业作为对象，组织项目组成员实地调研，了解企业对石墨烯相关技术和研发水平，以及自主知识产权管理情况，明确企业所面临的技术难点和迫切需要的重要技术。同时，了解企业对于重点申请人专利布局和专利风险的认识情况，以便后续分析企业在专利侵权的风险问题。此外，在调研中，将与企业相关技术人员就前期初步拟定的技术分级分类体系、技术分解表和框架进行交流，听取企业人员的建议，对分类、研究重点等进行进一步优化。

（3）初步建立分级分类体系、技术分解表、框架：通过对前一阶段收集的资料信息以及调研获取信息进行梳理，明确目标产业技术体系结构、企业关注技术热点，并结合中英文专利数据库初步检索实践情况，初步形成技术分级分类体系，建立技术分解表，在此基础上完成对项目分析样品体量的预估和分析框架的建立。

（4）开展专利数据采集：在前期资料收集和企业调研工作基础上，建立石墨烯产业的科学全面的检索规则，依托 ICOPAT 专利检索和服务系统对全球专利文件进行全面检索，实现对石墨烯产业全球专利信息的全面采集。本研究拟采用总分式检索策略与补充检索策略相结合的检索策略，首先，对总体技术主题进行检索；其次，在总技术主题的检索结果中进行各技术分支的检索，这样可以使检索人员全面地了解各技术分支。同时为了保证检索的查全率，我们在检索之后对检索结果进行补充检索。

（5）数据深加工：根据前期优化的技术分级分类体系，建立科学的数据加工规则，对专利数据进行清洗、标引、技术归类、文摘改写、重点专利翻译等加工，形成石墨烯产业专利文件深加工增值数据。

（6）开展专利数据分析：挖掘产业专利信息，建立科学的分析方法，对专利技术进行全景分析，理清技术发展脉络与发展周期，确定技术重点与难点、主要专利持有者构成以及关键技术布局情况等，制作专利地图。对石墨烯技术的主要持有国、重点企业进行全面分析，展现各国、各重点企业的专利布局情况和特点，揭示各国技术重点及发展趋势，明确其战略布局及发展意图。对江苏省重要企业的专利布局、技术发展情况进行梳理和分析，并同国内外主要重点申请人的专利和技术研发情况进行对比，剖析其技术优势和劣势。结合江苏省企业的现状，对可能对产业发展带来风险的专利作重点分析。上述专利分析将综合运用定量分析与定性分析方法。定量分析主要是通过对分析数据即专利文献的相关著录项目进行统计，根据对统计结果的具体解读，分析其所代表的技术、产业和市场发展趋势。定量分析的统计工作主要通过相关分析软件并辅以人工甄别和修正来完成。定性分析主要是通过对专利文献具体技术内容的阅读，由人工对文献进行标引和分类，找出重要的技术方向下的重要专利文献，对这些文件的技术内容进行详尽的分析，并在此基础上进行相关的比较研究，以得出技术演进、研发方向等方面的结论。

（7）完成专利导航分析概述：通过从国内外、江苏省、重要专利申请人等多方面、多层面分析石墨烯产业技术、产业发展趋势、专利布局情况，重点分析江苏省石墨烯产业情况，辨析知识产权风险，明确江苏省石墨烯在产业链、技术链、国内外市场上的优势劣势、创新路径及突破口，提出有针对性的产业发展建议。结合我国尤其是江苏省企业的技术现状和政策走向，借鉴国外的先进经验，规避可能存在的风险，针对石墨烯产业确立产业发展战略规划，提出促进该产业创新发展及转型升级的有针对性的政策建议，形成该产业的专利导航研究概述。

2.2　检索策略

本概述专利检索采用 ICOPAT 专利检索与服务系统：对于全球专利数据的检索，主要在 ICOPAT 数据库中进行，检索文献公开号数据从 ICOPAT 数据库中进行输出。中文专利数据的检索，主要采用 ICOPAT 中的中文专利摘要数据库以及同时结合中文专利全文数据库两个文献库进行检索，检索文献公开号数据在 ICOPAT 数据库汇总后输出。依靠检索获得的文献公开号数据获取其他相关信息：专利著录、法律等相关信息自 ICOPAT 专利数据库获取。

检索策略根据不同章节技术划分情况分为总分式检索和分总式检索：总分式以第三章石墨烯技术全球专利态势分析为例，其主要涵盖石墨烯的产品本身、制备工艺以及全球重点申请人等方面，其下级分支隶属于这些技术主题，因此采用总分式检索——即先构建总体检索式，后根据各分支技术主题在总体基础上进行分解划分；第四至第七章由于包含了多个相互独立的并列技术主题，因此采用分总式检索——即按照各下级主题构建检索式后合并作为各章最终检索范围。

2.3　检索结果评估

检索中为保证结果查全性，在检索式构建前，通过对企业提供的重点申请人清单，从其专利中筛查出与各章节对应的相关专利，由此作为检索式查全样本，在检索式构建中通过与样本相与处理确定检索式查全率情况，并通过遗漏文献分析需要补充的检索表达。为保证结果查准性，在检索式构建中采用抽样方式查看相关文献出现频次并计算查准率，同时分析噪音来源并制定检索式调整策略。

　　在检索式构建中，主要依靠分类号（包括 IPC、CPC）划定专利最大范围，结合关键词以及各关键词位置关系限定，实现目标文献的获取和噪音的排除。

2.4　专利分析方法

　　本概述总体上采用了统计分析法和对比分析法等定量分析和定性分析相结合的分析方法，从宏观角度的专利布局和态势分析角度进行了详细的阐述，并从微观角度对重要技术分支的重点专利技术、专利技术发展路线进行了详细的分析。从宏观总体态势分析到微观的单独技术的分析全面地对各技术分支进行分析。

　　本概述从研究对象的维度进行分类，包括专利布局趋势、原创专利和布局目标分布、技术发展路线和重点技术、主要申请人、关键专利等。依据标引数据制作相应形式的图表，例如柱状图、折线图、气泡图、饼图综合性图表等，进行展现，并依据各维度所展现出的规律分析归纳得出相应的发展预测、建议和结论。

2.5　相关事项和约定及术语解释

2.5.1　数据完整性约定

　　由于发明专利申请自申请日起 18 个月才能被公开，而 PCT 专利申请可能自申请日起 30 个月甚至更长时间才进入国家阶段，导致其对应的国家公布时间更晚，使得专利公布有一定的时滞性，在实际数据采集过程中会出现 2018 年后专利申请量少于实际申请量的情况。反映到本概述中的申请量趋势图中，一般自 2018 年后出现较为明显的下降，其原因即源于此。

2.5.2　对专利"件"和"项"数的约定

　　关于专利申请量统计中的"件"和"项"的说明：

项：同一项发明可能在多个国家或地区提出专利申请，ICOPAT 数据库将这些相关的多件申请作为一条记录收录。在进行专利申请数量统计时，对于数据库中以一族（这里的"族"指的是同族专利中的"族"）数据的形式出现的一系列专利文献，计算为"1 项"。一般情况下，专利申请的项数对应于技术的数目。

件：在进行专利申请数量统计时，例如为了分析申请人在不同国家、地区或组织所提出的专利申请的分布情况，将同族专利申请分开进行统计，所得到的结果对应于申请的件数。1 项专利申请可能对应于 1 件或多件专利申请。

2.5.3　主要申请人名称的约定

主要申请人名称的约定：同一申请人的名称通常会发生变化，包括：1）大规模的企业会有一些子公司或分公司，因此专利申请过程中可能会带有地域性名称等；2）译名的变化，当一专利申请进入其他国家或者地区申请时，同一申请人会因为翻译的不同而导致具有不同的名称；3）公司并购或者拆分，由于市场竞争隐私，很多申请人之间会发生并购、买卖或拆分，这样也会导致同一申请人的名称变化。

因此，本项目研究过程中，为了数据分析的准确性，对中国专利申请的申请人名称进行了整理，对具有多个名称的同一申请人进行合并处理；而对全球专利申请的数据采集中使用了公司代码进行分析。

对全球申请人的处理、相同申请人的合并处理规则及处理结果见申请人处理规则表。

表2-1　申请人处理规则表

约定名称	中文数据库中的申请人名称	英文数据库中的申请人名称
IBM	国际商业机器公司	International Business Machines Corporation，IBM
威廉马歇莱思大学	莱斯大学，威廉马歇莱思大学	William Marshall Rice，Rice University
德克萨斯大学	得克萨斯大学	University of Texas；Texas State University
纳米技术仪器公司 & JANG B Z & ZHAMU A	纳米技术仪器公司；美国科威尔纳米技术有限公司	Nanotek Instruments Inc

续表

约定名称	中文数据库中的申请人名称	英文数据库中的申请人名称
沃尔贝克材料公司	沃尔贝克材料公司	Vorbeck Materials；Vorbeck；VORBECK MATERIALS CORP
三星集团	三星；三星集团	Samsung
LG 集团	LG 集团；乐喜金星	LG；Lucky Goldstars
成均馆大学	成均馆大学	Sungkyunkwan University；SKKU
韩国科学技术研究院	韩国科学技术研究院；韩国科技院	Korea Advanced Institute of Science and Technology；한국과학기술원；KAIST
海洋王照明科技股份有限公司	海洋王照明；海洋王照明科技股份有限公司；深圳海洋王照明科技股份有限公司	Ocean's king lightting Co .LTD
中国科学院宁波材料技术与工程研究所	中国科学院宁波材料技术与工程研究所；中国科学院宁波材料所	Ningbo Institute of Materials Tecnology&Engineering，Chinese Academy of Sciences
中国科学院重庆绿色智能技术研究院	中国科学院重庆绿色智能技术研究院	Chongqing institute of green and intelligent technology，chinese academy of sciences
京东方科技	京东方科技；京东方科技集团股份有限公司	BOE，BOE Technology Group Co．，Ltd.
杭州高烯科技	杭州高烯科技	Gaoxi Tech
中国航空工业集团	中国航空工业集团有限公司；航空工业	Aviation Industry Corporation of China，Ltd；AVIC
常州第六元素材料科技股份有限公司	常州第六元素材料科技股份有限公司	The Sixth Element（Changzhou）Materials Technology Co. Ltd
常州二维碳素科技股份有限公司	常州二维碳素科技股份有限公司	2D carbon changzhou Tech Inc LTD

2.5.4　专利相关术语解释

此处对本概述上下文中出现的以下术语或现象，一并给出解释。

（1）同族专利：同一项发明创造在多个国家申请专利而产生的一组内容相同或基本相同的专利文献出版物，称为一个专利族或同族专利。从技术角度来看，属于同一专利族的多件专利申请可视为同一项技术。在本报告中，针对技术和专利技术首次申请国分析时对同族专利进行了合并统计，针对专利在国家或地区的公开情况进行分析时各件专利进行了单独统计。

（2）近两年专利文献数据不完整导致申请量下降的原因：在本次专利分析所采集的数据中，由于下列多种原因导致 2018 年后提出的专利申请的统计数量比实际的申请量要少。PCT 专利申请可能自申请日起 30 个月甚至更长时间之后才进入国家阶段，从而导致与之相对应的国家公布时间更晚；中国发明专利申请通常自申请日起 18 个月（要求提前公布的申请除外）才能被公布。

（3）专利所属国家或地区：本概述中专利所属的国家或地区是以专利申请的首次申请优先权国别来确定的，没有优先权的专利申请以该项申请的第一申请人所属国别确定。

（4）专利法律状态：有效、无效、撤回、驳回和公开。在本报告中，"有效"专利是指到检索截止日为止，专利权处于有效状态的专利申请。"无效"专利是指到检索截止日为止，专利权已终止的专利申请。"撤回"专利是指到检索截止日为止，专利申请已撤回的专利申请。"驳回"专利是指到检索截止日为止，专利申请已被驳回的专利申请。"公开"专利是指到检索截止日为止，还未进入实质审查程序或者正处于实质审查程序中的专利申请。专利申请未显示结案状态，此类专利申请可能还未进入实质审查程序或者正处于实质审查程序中，也有可能处于复审等其他法律状态。

2.5.5　技术相关术语解释

在本专利技术分析概述中为便于梳理分析，制定了相应技术术语，在此对其定义进行约定：

（1）石墨烯：由一个碳原子与周围三个近邻碳原子结合形成蜂窝状结构的碳原子单层。

（2）掺氮石墨烯：在石墨烯的碳网格中引入含氮原子结构进行掺杂。

（3）碳纳米管：由呈六边形排列的碳原子构成数层到数十层的同轴圆管。

（4）硼掺杂石墨烯：在石墨烯的碳网格中引入含硼原子结构进行掺杂。

（5）超级电容电池：超级电容一般使用活性碳电极材料，可以反复充放电数十万次。

（6）石墨烯复合材料：石墨烯和金属，非金属，金属氧化物，高分子材料复合的材料。

（7）电阻式随机存储器：电阻式随机存储器（RRAM）作为一种新型的非易失性存储器，具有高速度、高密度、低功耗、制备简单等优点。

（8）纳米墙：纳米墙是一种由碳纳米片（石墨烯纳米片垂直于基底生长并相互交错支撑而形成的一种碳纳米材料，其由于片层的垂直生长而具有一定的三维空间结构。

（9）压力传感器：利用石墨烯在压力下光，电，热等性能的变化制备的传感器。

（10）大面积：生长面积较大的石墨烯材料。

（11）石墨烯量子点：石墨烯量子点是准零维的纳米材料，尺寸在 1 ~ 10 nm之间。

（12）载具：石墨烯制备中使用的转移，成膜等载具。

（13）发光显示面：显示设备的表层发光显示面。

（14）二氧化硅衬底：用于负载石墨烯的二氧化硅衬底。

（15）太阳能电池：太阳能电池是通过光电效应或者光化学效应直接把光能转化成电能的装置

（16）氧化石墨烯：氧化石墨烯（graphene oxide）是石墨烯的氧化物，其颜色为棕黄色，在表面及边缘上大量含氧基团。

（17）蒙乃尔合金：蒙乃尔合金又称镍合金，是一种以金属镍为基体，添加铜、铁、锰等其他元素而成的合金。

（18）电子封装材料：安装集成电路内置芯片外用的管壳材料。

（19）栅极电介质：等效氧化物厚度小于 1 nm 的具有高介电常数的材料，如 $LaAlO_3$ 等。

（20）半导体芯片：在半导体片材上进行浸蚀，布线，制成的能实现某种功能的半导体器件。

（21）电化学刻蚀：利用电化学方法进行刻蚀的工艺。

（22）霍尔传感器：是根据霍尔效应制作的一种磁场传感器。

（23）阵列电极：在直径约 5 mm 的微区衬底表面点阵状排列的电极。

（24）透明导电薄膜：是一种既能导电又在可见光范围内具有高透明率的一种薄膜。

（25）碳酸丙烯酯：为一种无色无臭的易燃液体。与乙醚、丙酮、苯、氯仿、醋酸乙烯等互溶，溶于水和四氯化碳。

（26）热电材料：热电材料是一种能将热能和电能相互转换的功能材料。

（27）硬掩模：（Hard Mask）是一种通过 CVD（Chemical Vapor Deposition，CVD）生成的无机薄膜材料。其主要成分通常有 TiN、SiN、SiO_2 等。

（28）碳纳米管纤维：由碳纳米管通过溶液纺丝法制备而成的纤维材料。

（29）锂离子电容器：锂离子电容器作为一种新型的储能器件，具有功率密度高、静电容量高和循环寿命比较长的优点。

（30）热管理领域：热管理领域的应用主要是用到了石墨烯的导热性能的领域。

（31）场效应晶体管：（Field Effect Transistor，FET）简称场效应管，主要有两种类型：结型场效应管（junction FET—JFET）和金属氧化物半导体场效应管（metal-oxide semiconductor FET，MOS-FET）。

（32）触摸传感器：利用皮肤或压力触摸传感的器件。

（33）石墨烯导电薄膜：同时具有优良导电性和透光性能的石墨烯薄膜。

第三章　全球石墨烯技术专利态势分析

3.1　全球石墨烯专利申请总体情况

3.1.1　全球石墨烯专利申请趋势

全球石墨烯专利申请情况是衡量该领域技术发展水平的重要指标，也是该领域专利态势分析研究的切入点。截至 2019 年 6 月前，通过 INCOPAT 专利数据库进行检索，检索到世界范围内涉及石墨烯的专利申请共 66 903 项。

石墨烯材料是一种集强度高、韧性好、透光率高、导电性好等诸多优点于一身的新材料，它在诸如电子信息、航空航天、国防、节能环保、生物医药等领域都具有巨大的应用潜力和市场价值，引起各国科学界和产业界的高度关注，世界各国政府也在大力推动石墨烯的研究和产业化。

图 3-1 给出了全球石墨烯专利申请年代分布趋势（基于专利申请年）。从图 3-1 可以看出，石墨烯相关专利的申请在上世纪末就已出现，但随后发展较为缓慢。从 2010 年开始，石墨烯这种世界上最薄且最坚硬的材料激起了全世界的研发热潮。专利申请数量开始持续大幅增长，热度至今不减。

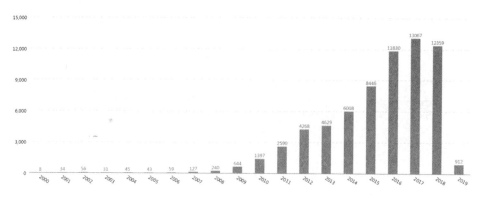

图3-1　全球石墨烯专利申请年代分布趋势（基于申请年）

3.1.2　全球石墨烯专利技术分类情况

国际专利分类号（IPC）包含了专利的技术信息，通过对石墨烯相关专利进行基于IPC大组的统计分析，可以了解、分析石墨烯专利主要涉及的技术领域和技术重点等。

图3-2给出了全球石墨烯专利申请量前20位的技术构成（基于IPC大组），具体申请情况如表3-1所示。可以看出，石墨烯专利技术主要集中在电极、电池、纳米材料、电容器、半导体器件、涂料等领域。

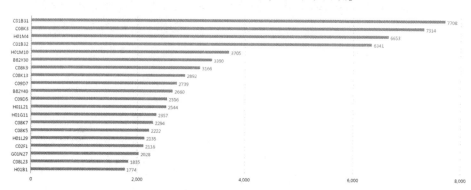

图3-2　全球石墨烯专利申请量前20位的技术构成

表 3-1　全球石墨烯专利申请量前 20 位的技术领域及其申请情况

IPC 大组	技术主题词	申请量（件）
C01B31（转 C01B32）	碳；其化合物	7708
C08K3	使用无机物质作为混合配料	7314
H01M4	电极	6653
C01B32	碳；其化合物	6341
H01M10	二次电池；及其制造	3705
B82Y30	用于材料和表面科学的纳米技术，例如：纳米复合材料	3390
C08K9	使用预处理的配料	3166
C08K13	配料混合物，其中每种化合物都是基本配料	2892
C09D7	涂料成分特征；混合涂料多种组分的方法	2739
B82Y40	纳米结构的制造或处理	2660
C09D5	以其物理性质或所产生的效果为特征的涂料组合物，例如色漆、清漆或天然漆；填充浆料	2556
H01L21	专门适用于制造或处理半导体或固体器件或其部件的方法或设备	2544
H01G11	混合电容器，即具有不同正极和负极的电容器；双电层（EDL）电容器；其制造方法或其零部件的制造方法	2357
C08K7	使用的配料以形状为特征	2294
C08K5	使用有机配料	2222
H01L29	专门适用于整流、放大、振荡或切换，并具有至少一个电位跃变势垒或表面势垒的半导体器件；具有至少一个电位跃变势垒或表面势垒，例如 PN 结耗尽层或载流子集结层的电容器或电阻器；半导体本体或其电极的零部件	2135
C02F1	水、废水或污水的处理	2116
G01N27	用电、电化学或磁的方法测试或分析材料	2028
C08L23	只有 1 个碳-碳双键的不饱和脂族烃的均聚物或共聚物的组合物，此种聚合物的衍生物的组合物	1835
H01B1	按导电材料特性区分的导体或导电物体；用作导体的材料选择	1774

3.1.3 全球石墨烯专利技术分类情况

利用 INCOPAT 数据库的 3D 专利沙盘功能，对石墨烯专利技术的研究布局进行了分析。从图 3-3 可以看出，石墨烯专利的热点技术领域主要包括以下几个方面：（1）以石墨为原料制备石墨烯的技术及工艺；（2）石墨烯在储能、复合材料、传感器、膜分离等领域的应用；（3）CVD 制备石墨烯；（4）石墨烯在电极、电容器、半导体器件、涂料等领域的应用。

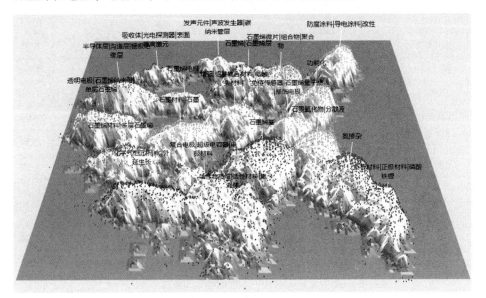

图 3-3　全球石墨烯专利技术布局

3.2　全球石墨烯专利国家/地区分布分析

3.2.1　专利申请国家/地区分布

图 3-4 给出了全球石墨烯专利申请量排名前 20 的国家/地区，可以看到，我国目前是石墨烯领域专利申请量最多的国家，申请数量为 46 339 件，远远大于其他国家/地区。专利申请量排在中国后面的，分别有美国 5084 件、韩国

5073 件、世界知识产权组织（WO）3302 件、日本 2147 件、欧专局 1322 件、中国台湾 878 件、印度 419 件、英国 365 件、加拿大 280 件等。

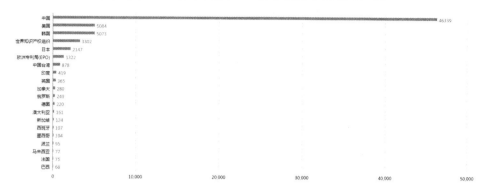

图 3-4　全球石墨烯专利申请量地域排名

3.2.2　主要国家/地区专利申请活跃度分析

图 3-5 给出了近 3 年（"近 3 年"指的是"2016 年 1 月—2019 年 6 月"，后同）全球石墨烯专利申请量排名前 20 的国家/地区，与图 3-4 相比，可以看到，近 3 年全球石墨烯专利申请量排在前 10 的国家/地区基本没有发生变化，可以说明，这些国家/地区是最重视石墨烯专利技术的国家和地区，不仅是石墨烯技术的主要技术原创地，也是主要技术保护地。

图 3-5　全球石墨烯专利近 3 年申请量地域排名

从上述分析可以看出，石墨烯专利技术研发最为活跃的国家和地区包括：中国、美国、世界知识产权组织、韩国、日本、欧专局和中国台湾，其近 3 年专利申请占比分别为 69.56%、25.98%、42.91%、20.15%、22.54%、

27.99%和29.84%（表3-2），其中，除了中国在近几年的专利申请活跃度非常高之外，通过PCT途径（WO）申请专利的活跃度也较高，这说明，石墨烯技术领域的申请人纷纷加强在全球的专利申请和布局。

表3-2　主要国家/地区石墨烯技术专利申请活跃度

国家/地区		中国	美国	韩国	WO	日本	欧专局	中国台湾
专利总量（件）		46 339	5084	5073	3302	2147	1322	878
申请活跃度	近3年专利受理量	32 235	1508	1022	1417	484	370	262
	近3年专利占比	69.56%	25.98%	20.15%	42.91%	22.54%	27.99%	29.84%

3.2.3　主要国家/地区的技术布局

图3-6、表3-3给出了全球石墨烯专利数量排名前十的国家/地区在石墨烯领域的技术构成情况。可以看出，主要国家/地区技术构成相似度较高，专利大都分布在C08K3/04、C01B31/04、B82Y30/00、H01M 4/62、H01M 4/36、B82Y40/00、H01M 10/0525、C01B31/02、C01B32/184、C08K3/22等领域。具体来看，中国、美国、韩国和日本这4个最重要国家/地区的技术构成如下。

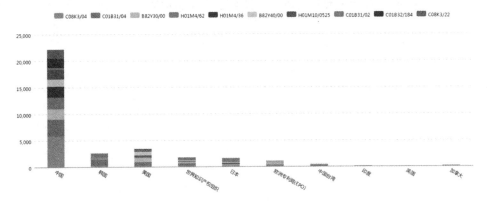

图3-6　主要国家/地区在石墨烯领域的技术构成

（1）中国主要集中在C08K3/04、C01B31/04、H01M 4/62、H01M4/36、B82Y30/00、H01M 010/0525等领域；

（2）美国主要集中在B82Y30/00、C01B31/04、B82Y40/00、H01M4/62、

C08K3/04、H01M 4/36 等领域；

（3）韩国主要集中在 C01B31/04、C01B31/02、C08K3/04、H01M4/62、B82Y40/00 等领域；

（4）日本主要集中在 C01B31/02、H01M4/62、H01M4/36、C08K3/04、C01B31/04 等领域。

表 3-3　主要国家/地区在石墨烯领域的技术构成

	中国	美国	韩国	日本	欧专局	中国台湾	印度	英国	加拿大
C08K3/04	5765	233	253	129	92	52	15	12	18
C01B31/04	3306	718	1212	127	275	247	51	26	44
B82Y30/00	1908	770	41	124	221	32	32	11	25
H01M 4/62	2167	253	106	165	69	20	4	2	12
H01M 4/36	2074	228	69	163	50	11	2	3	7
B82Y40/00	1346	705	75	110	178	26	11	8	18
H01M 10/0525	1839	214	64	21	37	15	3	1	9
C01B31/02	326	156	757	722	100	29	16	13	33
C01B32/184	1802	127	29	44	45	11	0	4	12
C08K3/22	1963	5	16	3	2	3	0	0	1

3.3　全球石墨烯专利主要申请人分析

3.3.1　主要申请人类型及申请数量对比分析

图 3-7 给出了全球石墨烯专利申请数量排在前 94 位的申请人，来自中国的申请人占比最高，共有 74 个申请人，其中有 50 家高校，11 家科研机构，12 家公司和 1 位个人申请。此外，还包括来自韩国的 8 个申请人主要包括三星、LEE Y T（个人）、LG、成均馆大学、首尔大学、韩国科学技术研究院等；美国的 6 个申请人，包括 IBM 公司、纳米技术仪器公司、威廉马歇莱思大学、

加利福尼亚大学、洛克希德公司等；日本的 3 个申请人，分别是半导体能源研究所、东芝公司和积水公司。

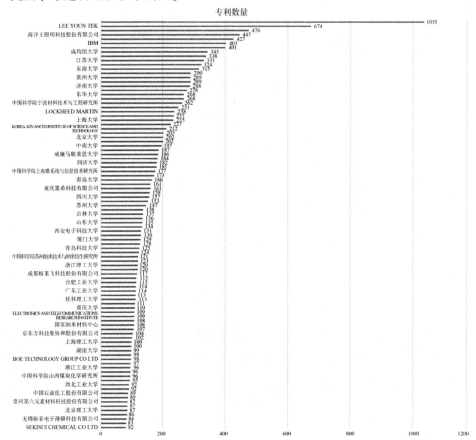

图3-7　全球石墨烯专利申请人排名

3.3.2　主要申请人类型及申请数量对比分析

表3-4给出了石墨烯重要专利申请人专利申请的保护区域分布情况。可以看出，韩国三星、韩国LG、韩国成均馆大学、韩国科学技术研究院、美国IBM、美国纳米技术仪器公司、威廉马歇莱思大学、日本株式会社半导体能源研究所等申请人不仅专利申请数量较多，而且在世界其他主要国家都对其石墨烯专利申请了专利保护。而我国申请人目前仍以国内申请为主，除了海洋王照明科技股份有限公司、清华大学、浙江大学、上海交通大学、中国科学院宁波材料技术与工程研究所等在国外有少量专利申请外，其余基本都没有对其石墨

烯专利申请进行国外保护。

表 3-4　全球石墨烯专利申请量靠前的专利申请人专利申请的保护区域分布

申请人	CN	US	KR	WO	JP	EP	TW	IN
韩国三星	67	341	480	30	60	57	0	0
LEE YOUN TEK	0	0	670	4	0	0	0	0
浙江大学	499	0	0	8	1	0	0	0
海洋王照明科技股份有限公司	405	12	0	14	0	16	0	0
清华大学	347	69	0	3	0	0	0	0
韩国 LG 集团	76	48	197	53	0	30	5	0
美国 IBM 公司	41	259	0	33	8	0	0	0
成都新柯力化工科技有限公司	401	0	0	0	0	0	0	0
韩国成均馆大学	0	55	265	21	0	3	0	0
哈尔滨工业大学	338	0	0	0	0	0	0	0
日本株式会社半导体能源研究所	52	91	24	16	118	0	27	1
江苏大学	331	0	0	0	0	0	0	0
东南大学	315	0	0	0	0	0	0	0
天津大学	290	0	0	0	0	0	0	0
美国纳米技术仪器公司	26	170	25	55	12	1	0	0
常州大学	289	0	0	0	0	0	0	0
济南大学	288	0	0	0	0	0	0	0
华南理工大学	278	0	0	0	0	0	0	0
上海交通大学	268	0	0	2	0	0	0	0
东华大学	268	0	0	0	0	0	0	0
中国科学院宁波材料技术与工程研究所	262	0	0	0	0	0	2	0
电子科技大学	251	0	0	0	0	0	0	0
美国洛克希德·马丁公司	0	63	18	44	5	27	0	10
北京化工大学	237	0	0	0	0	0	0	0
上海大学	235	0	0	0	0	0	0	0
复旦大学	227	0	0	0	0	0	0	0

申请人	CN	US	KR	WO	JP	EP	TW	IN
威廉马歇莱思大学	15	53	11	43	0	21	6	8
陕西科技大学	203	0	0	0	0	0	0	0
中国科学院重庆绿色智能技术研究院	203	0	0	0	0	0	0	0
北京大学	202	0	0	0	0	0	0	0
中南大学	197	0	0	0	0	0	0	0
江南大学	187	0	0	0	0	0	0	0
南京理工大学	184	0	0	0	0	0	0	0
同济大学	182	0	0	0	0	0	0	0
福州大学	181	0	0	0	0	0	0	0
中国科学院上海微系统与信息技术研究所	177	0	0	0	0	0	0	0
武汉理工大学	173	0	0	0	0	0	0	0
青岛大学	166	0	0	0	0	0	0	0
重庆墨希科技有限公司	161	0	0	0	0	0	0	0
杭州高烯科技有限公司	158	0	0	0	0	0	0	0
四川大学	157	0	0	0	0	0	0	0
天津工业大学	153	0	0	0	0	0	0	0
苏州大学	147	0	0	0	0	0	0	0
韩国科学技术研究院	2	41	98	4	0	0	0	0
美国加利福尼亚大学	0	70	1	50	2	12	0	4
吉林大学	137	0	0	0	0	0	0	0
山东大学	135	0	0	0	0	0	0	0
湖南国盛石墨科技有限公司	134	0	0	0	0	0	0	0
西安电子科技大学	131	0	0	0	0	0	0	0
大连理工大学	130	0	0	0	0	0	0	0

注：表中国家/地区代码对应如下，CN-中国；US-美国；KR-韩国；WO-世界知识产权组织；JP-日本；EP-欧专局；TW-中国台湾；IN-印度。

3.4 全球石墨烯专利转让情况

图 3-8 给出了全球石墨烯专利申请的转让趋势，可以看到，从 2010 年开始，全球石墨烯专利的转让量快速增长，并且一直保持上升趋势。图 3-9、图 3-10 分别给出了转让人和受让人的排名情况，可以看出，转让人中排名靠前的以个人居多，而受让人则以公司为主。

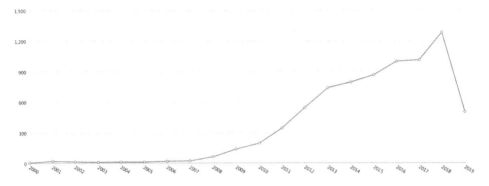

图 3-8 全球石墨烯专利申请转让趋势

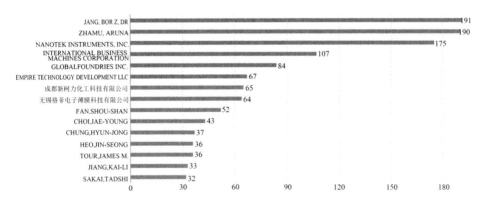

图 3-9 全球石墨烯专利申请转让人排名

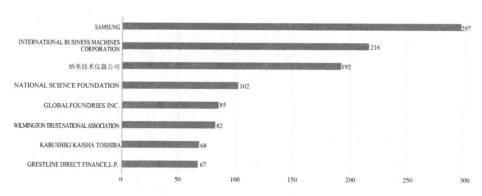

图 3-10　全球石墨烯专利申请受让人排名

根据专利的被引证次数，给出了 Nanotek Instruments Inc、IBM、EMPIRE TECHNOLOGY DEVELOPMENT LLC、成都新柯力化工科技有限公司、无锡格菲电子薄膜科技有限公司等国内外重要专利转让人的石墨烯重要专利转让情况，具体分析如表 3-5 至表 3-9 所示。

表 3-5　Nanotek Instruments Inc（美国纳米技术仪器公司）石墨烯专利转让情况

序号	公开（公告）号	申请日	被引证次数	受让人	技术领域
1	US7071258B1	2002/10/21	413	GLOBAL GRAPHENE GROUP，INC.	纳米级石墨烯片
2	US7623340B1	2006/8/7	198	SAMSUNG ELECTRONICS CO.，LTD.	纳米石墨烯板/纳米复合材料，用于超级电容器电极
3	US7745047B2	2007/11/5	129	SAMSUNG ELECTRONICS CO.，LTD.	纳米石墨烯片基复合负极组合物，用于锂离子电池
4	US7566410B2	2006/1/11	52	GLOBAL GRAPHENE GROUP，INC.	高导电纳米石墨烯板纳米复合材料
5	US7824651B2	2007/5/8	50	GLOBAL GRAPHENE GROUP，INC.	纳米级石墨烯片的制备

续表

序号	公开（公告）号	申请日	被引证次数	受让人	技术领域
6	US7790285B2	2007/12/17	38	GLOBAL GRAPHENE GROUP, INC.	具有高长宽高比的纳米级石墨烯片材
7	US7875219B2	2007/10/4	33	SAMSUNG ELECTRONICS CO., LTD.	用于超级电容器的纳米级石墨烯片状纳米复合电极的制备
8	US8222190B2	2009/8/19	30	GLOBAL GRAPHENE GROUP, INC.	纳米石墨烯改性润滑剂
9	US8241793B2	2009/1/2	27	GLOBAL GRAPHENE GROUP, INC.	纳米石墨烯片，用于锂离子电池
10	US8216541B2	2008/9/3	26	GLOBAL GRAPHENE GROUP, INC.	由非氧化石墨材料制备可分散和导电的纳米石墨烯片层的方法
11	US7662321B2	2005/10/26	24	GLOBAL GRAPHENE GROUP, INC.	纳米级石墨烯板增强复合材料
12	US8114373B2	2011/1/4	21	GLOBAL GRAPHENE GROUP, INC.	纳米石墨烯的制备
13	US7892514B2	2007/2/22	18	GLOBAL GRAPHENE GROUP, INC.	纳米石墨烯的制备
14	US8114375B2	2008/9/3	15	GLOBAL GRAPHENE GROUP, INC.	氧化石墨制备可分散纳米石墨烯片层的方法
15	US8580432B2	2008/12/4	14	SAMSUNG ELECTRONICS CO., LTD.	纳米石墨烯增强纳米复合粒子，用于锂电池电极

序号	公开（公告）号	申请日	被引证次数	受让人	技术领域
16	US7999027B2	2009/8/20	13	GLOBAL GRAPHENE GROUP，INC.	原始纳米石墨烯改性轮胎
17	US8691441B2	2010/9/7	13	GLOBAL GRAPHENE GROUP，INC.	锂电池石墨烯增强型正极材料
18	US8524067B2	2007/7/27	12	GLOBAL GRAPHENE GROUP，INC.	纳米石墨烯片层的电化学制备
19	US8765302B2	2011/6/17	12	GLOBAL GRAPHENE GROUP，INC.	石墨烯材料，用于锂电池电极
20	US8132746B2	2007/4/17	10	GLOBAL GRAPHENE GROUP，INC.	低温法制备纳米级石墨烯片

表3-6 IBM（国际商业机器公司）石墨烯专利转让情况

序号	公开（公告）号	申请日	被引证次数	受让人	技术领域
1	US7732859B2	2007/7/16	73	WILMINGTON TRUST，NATIONAL ASSOCIATION	石墨烯基晶体管
2	US8106383B2	2009/11/13	36	WILMINGTON TRUST，NATIONAL ASSOCIATION	自对准石墨烯晶体管
3	US8053782B2	2009/8/24	29	WILMINGTON TRUST，NATIONAL ASSOCIATION	单层和少层石墨烯基光电探测器件
4	US8124463B2	2009/9/21	28	WILMINGTON TRUST，NATIONAL ASSOCIATION	石墨烯器件
5	US8610617B1	2012/6/22	22	WILMINGTON TRUST，NATIONAL ASSOCIATION	基于石墨烯的用于使物体在微波和太赫兹频率处遮蔽电磁辐射的结构

序号	公开（公告）号	申请日	被引证次数	受让人	技术领域
6	US8076204B2	2010/4/22	21	WILMINGTON TRUST, NATIONAL ASSOCIATION	石墨烯基晶体管
7	US8105928B2	2009/11/4	18	WILMINGTON TRUST, NATIONAL ASSOCIATION	基于石墨烯的具有可调谐带隙的开关器件
8	US9035282B2	2013/8/14	18	WILMINGTON TRUST, NATIONAL ASSOCIATION	大尺度单晶石墨烯
9	US8344358B2	2010/9/7	17	WILMINGTON TRUST, NATIONAL ASSOCIATION	具有自对准栅极石墨烯晶体管
10	US8354296B2	2011/1/19	17	WILMINGTON TRUST, NATIONAL ASSOCIATION	包括石墨烯纳米带有序排列的半导体结构
11	US8242030B2	2009/9/25	14	WILMINGTON TRUST, NATIONAL ASSOCIATION	碳化硅表面石墨烯缓冲层的超低温氧化活化
12	US8610278B1	2012/8/16	12	WILMINGTON TRUST, NATIONAL ASSOCIATION	在互连结构中使用石墨烯限制铜表面氧化、扩散和电迁移
13	US8673703B2	2009/11/17	12	WILMINGTON TRUST, NATIONAL ASSOCIATION	制造在 SOI 结构的石墨烯纳米电子器件
14	US8471249B2	2011/5/10	11	WILMINGTON TRUST, NATIONAL ASSOCIATION	具有充电单层以降低寄生电阻的碳场效应晶体管

序号	公开（公告）号	申请日	被引证次数	受让人	技术领域
15	US8647978B1	2012/7/18	10	WILMINGTON TRUST, NATIONAL ASSOCIATION	在互连结构中使用石墨烯限制铜表面氧化、扩散和电迁移
16	US8187955B2	2009/8/24	9	WILMINGTON TRUST, NATIONAL ASSOCIATION	石墨烯在含碳半导体层上的生长
17	US8546246B2	2011/1/13	9	WILMINGTON TRUST, NATIONAL ASSOCIATION	基于石墨烯和碳纳米管的抗辐射晶体管
18	US9177688B2	2011/11/22	9	EGYPT NANOTECHNOLOGY CENTER；	碳纳米管–石墨烯混合透明导体和场效应晶体管
19	US8293607B2	2010/8/19	8	WILMINGTON TRUST, NATIONAL ASSOCIATION	具有减小方块电阻的掺杂石墨烯膜
20	US8617941B2	2011/1/16	8	WILMINGTON TRUST, NATIONAL ASSOCIATION	高速石墨烯晶体管

表3-7 EMPIRE TECHNOLOGY DEVELOPMENT LLC石墨烯专利转让情况

序号	公开（公告）号	申请日	被引证次数	受让人	技术领域
1	US8979978B2	2012/1/26	16	CRESTLINE DIRECT FINANCE L P	具有规则埃孔的石墨烯膜
2	US9056282B2	2012/1/27	16	CRESTLINE DIRECT FINANCE L P	加速通过石墨烯膜的输送
3	US8512669B2	2010/11/29	13	CRESTLINE DIRECT FINANCE L P	用激光加热晶体生长法生产石墨烯
4	US8492753B2	2010/9/28	6	CRESTLINE DIRECT FINANCE L P	定向再结晶石墨烯生长衬底

续表

序号	公开（公告）号	申请日	被引证次数	受让人	技术领域
5	US9545600B2	2015/5/4	3	CRESTLINE DIRECT FINANCE L P	加速通过石墨烯膜的输送
6	US8679290B2	2010/10/28	2	CRESTLINE DIRECT FINANCE L P	石墨烯的多层共挤剥离
7	US8747947B2	2011/9/16	2	CRESTLINE DIRECT FINANCE L P	石墨烯缺陷蚀变
8	US9011968B2	2011/9/16	2	CRESTLINE DIRECT FINANCE L P	石墨烯缺陷的变化
9	US9114423B2	2012/7/25	2	CRESTLINE DIRECT FINANCE L P	多孔载体上石墨烯的修复
10	US9607725B2	2009/12/21	2	CRESTLINE DIRECT FINANCE L P	石墨烯结构及其制造方法
11	US9278318B2	2012/12/4	1	CRESTLINE DIRECT FINANCE L P	气体过滤用石墨烯纳米管阵列
12	US9656214B2	2012/11/30	1	CRESTLINE DIRECT FINANCE L P	层压到多孔机织或非织造载体上的石墨烯膜
13	US10014475B2	2013/4/17	0	CRESTLINE DIRECT FINANCE L P	作为有机薄膜晶体管半导体的石墨烯纳米带
14	US10059591B2	2014/2/7	0	CRESTLINE DIRECT FINANCE L P	由烃气体和液态金属催化剂生产石墨烯的方法
15	US10095658B2	2013/8/15	0	CRESTLINE DIRECT FINANCE L P	基于石墨烯晶体管的异构多核处理器

表 3-8　成都新柯力化工科技有限公司石墨烯专利转让情况

序号	公开（公告）号	申请日	被引证次数	受让人	技术领域
1	CN105271210B	2015/11/27	8	魏颖	通过热塑化石墨材料制备石墨烯
2	CN105439135B	2015/12/30	7	中航装甲科技有限公司	利用木质素制备石墨烯
3	CN105670737B	2016/2/29	6	深圳市天润石墨烯材料科技股份有限公司	石墨烯润滑添加剂的制备
4	CN105502358B	2015/12/22	4	魏颖	通过自聚合剥离石墨材料制备石墨烯
5	CN105504713B	2015/12/29	4	广西三集科技有限公司	3D 打印用聚乳酸微球改性材料
6	CN105417535B	2015/12/29	2	魏颖	通过拉伸制备石墨烯材料
7	CN105622832B	2016/2/19	2	魏颖	涂料用石墨烯微球的制备
8	CN105776194B	2016/2/29	2	魏颖	用于 3D 打印的石墨烯微片复合材料的制备
9	CN106384827B	2016/10/19	2	张家口龙驰科技有限公司	石墨烯/二硫化钼复合导电浆料，用于锂电池
10	CN105460929B	2015/12/30	1	魏颖	利用硅藻土制备石墨烯
11	CN105523553B	2016/2/4	1	湖南明大新型炭材料有限公司	通过单一冷端急冻单分子水膨胀制备石墨烯

序号	公开（公告）号	申请日	被引证次数	受让人	技术领域
12	CN105524499B	2016/2/2	1	广西盛隆冶金有限公司	防腐涂料石墨烯微片复合材料的制备
13	CN105576086B	2015/12/21	1	湖州培优孵化器有限公司	生长氮化镓晶体的复合衬底
14	CN105622983B	2016/2/26	1	内蒙古石墨烯材料研究院	导热塑料专用石墨烯微片的制备
15	CN105668558B	2016/1/28	1	魏颖	以废旧沥青回收料制备石墨烯

表 3-9　无锡格菲电子薄膜科技有限公司石墨烯专利转让情况

序号	公开（公告）号	申请日	被引证次数	受让人	技术领域
1	CN103184425B	2013/3/13	19	无锡第六元素电子薄膜科技有限公司	低温化学气相沉积生长石墨烯薄膜
2	CN102774118B	2012/7/31	18	无锡第六元素电子薄膜科技有限公司	以静电保护膜为媒介转移石墨烯薄膜
3	CN104016335B	2014/5/30	18	无锡第六元素电子薄膜科技有限公司	石墨烯的转移
4	CN102709310B	2012/6/11	17	无锡第六元素电子薄膜科技有限公司	柔性有机发光晶体管显示器件
5	CN104021881B	2014/6/3	14	无锡第六元素电子薄膜科技有限公司	降低石墨烯方阻的掺杂转移方法
6	CN103000817B	2012/11/29	11	无锡第六元素电子薄膜科技有限公司	柔性有机发光二极管
7	CN103760722B	2014/1/10	10	无锡第六元素电子薄膜科技有限公司	以石墨烯作为透明导电电极的智能调光膜

序号	公开（公告）号	申请日	被引证次数	受让人	技术领域
8	CN104883760B	2015/4/24	9	深圳烯旺新材料科技股份有限公司	低电压透明电热膜
9	CN103935988B	2014/3/24	8	无锡第六元素电子薄膜科技有限公司	石墨烯薄膜的转移方法
10	CN103935992B	2014/4/25	7	无锡第六元素电子薄膜科技有限公司	石墨烯转移方法
11	CN105819431B	2016/3/18	6	无锡第六元素电子薄膜科技有限公司	石墨烯薄膜的转移方法
12	CN104386674B	2014/10/30	5	无锡第六元素电子薄膜科技有限公司	半干膜转移石墨烯的方法
13	CN104409580B	2014/11/12	5	无锡第六元素电子薄膜科技有限公司	GaN 基 LED 外延片
14	CN105589598B	2015/12/24	5	无锡第六元素电子薄膜科技有限公司	图案化石墨烯
15	CN106158144B	2016/6/23	5	无锡第六元素电子薄膜科技有限公司	超薄超柔性石墨烯导电薄膜的制备
16	CN203801205U	2014/3/6	5	无锡第六元素电子薄膜科技有限公司	基于石墨烯薄膜的透明电磁屏蔽膜
17	CN104030282B	2014/6/25	4	无锡第六元素电子薄膜科技有限公司	利用有机金属化合物生长层数可控石墨烯
18	CN105517215B	2015/11/26	3	深圳烯旺新材料科技股份有限公司	低电压透明电热膜
19	CN105603384B	2016/1/26	3	无锡第六元素电子薄膜科技有限公司	CVD 沉积石墨烯膜
20	CN104118871B	2014/7/31	2	无锡第六元素电子薄膜科技有限公司	石墨烯生长衬底的刻蚀方法

图 3-11 给出了排在前 10 位的全球石墨烯专利转让技术构成。可以看出，C01B31/04、B82Y30/00 和 B82Y40/00 是在转让技术构成中占比较大的，具体的转让技术构成以及转让量如表 3-10 所示。

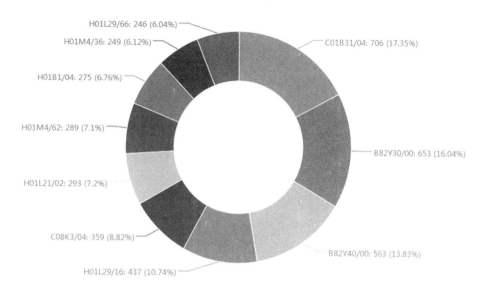

图 3-11　前 10 位石墨烯全球专利转让技术构成

表 3-10　前 10 位全球石墨烯专利转让技术构成以及转让量

技术构成	技术主题词	专利转让数量（件）	转让量占比
C01B31/04	石墨烯，制备，后处理，氧化石墨烯	706	17.35%
B82Y30/00	用于材料和表面科学的纳米技术，例如：纳米复合材料	653	16.04%
B82Y40/00	纳米结构的制造或处理	563	13.83%
H01L29/16	除掺杂材料或其他杂质外，只包括以游离态存在的周期系中Ⅳ族元素的	437	10.74%
C08K3/04	碳	359	8.82%
H01L21/02	半导体器件或其部件的制造或处理	293	7.2%
H01M4/62	电极，在活性物质中非活性材料成分的选择，例如胶合剂、填料	289	7.1%

技术构成	技术主题词	专利转让数量（件）	转让量占比
H01B1/04	导体，主要由碳硅化合物、碳或硅组成的	275	6.76%
H01M4/36	电极，作为活性物质、活性体、活性液体的材料的选择	249	6.12%
H01L29/66	半导体器件，电容器，按半导体器件的类型区分的	246	6.04%

第四章　中国石墨烯专利态势分析

4.1　中国石墨烯专利申请态势

　　截至本次检索截止时间（2019年6月1日），经检索与人工筛选，最终确定涉及石墨烯技术的中国专利申请量为46 339件。专利申请量表征了专利申请的趋势信息，可以表示申请人对该技术的关注程度、投入的精力，间接地说明了该技术领域的专利活跃程度。

4.1.1　中国石墨烯专利申请趋势

　　图4-1反映了石墨烯技术在中国范围内的专利申请态势分布，柱状图示出了石墨烯中国专利申请量的变化情况。21世纪初，石墨烯技术开始在中国有少量专利申请量，从2011年开始，中国专利申请量增长迅速，并且一直保持着明显的增长趋势，这说明我国在该领域的关注力度、投入力度都较大。

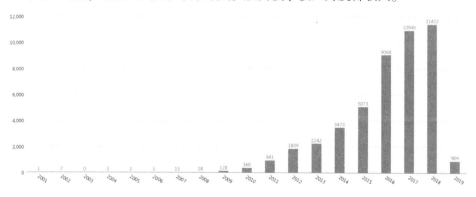

图4-1　中国石墨烯专利申请年代分布趋势（基于申请年）

图 4-2 给出了石墨烯领域中国专利申请类型分布图。从图中可以看出，在我国石墨烯领域的专利申请中，发明占据了主要地位。

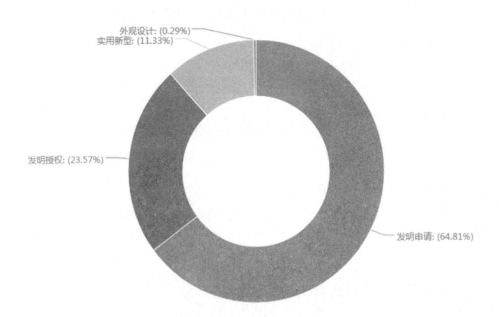

图 4-2　石墨烯中国专利申请类型分布

4.1.2　中国石墨烯专利申请来源地分析

图 4-3 反映了各国在华的专利申请分布情况（基于申请人国别），可以看到，中国本土申请人的申请量达到了 97.63%，占据了该领域中国申请的绝大部分。分析中国专利申请中专利的来源，可以客观反映其他国家/地区对中国市场的重视程度以及国内本土在石墨烯领域的发展程度。

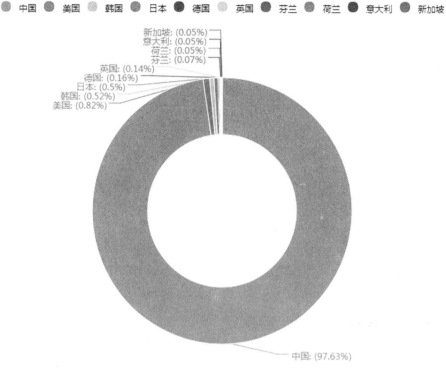

中国 美国 韩国 日本 德国 英国 芬兰 荷兰 意大利 新加坡

新加坡: (0.05%)
意大利: (0.05%)
荷兰: (0.05%)
芬兰: (0.07%)
英国: (0.14%)
德国: (0.16%)
日本: (0.5%)
韩国: (0.52%)
美国: (0.82%)

中国: (97.63%)

图 4-3　中国石墨烯专利申请国家/地区分布（基于申请人国别）

4.1.3　中国石墨烯专利申请法律状态分析

图 4-4 给出了石墨烯领域中国专利申请的法律状态分布，可以看出，未决专利申请占到了 45.73%，授权专利已占到 31.94%，撤回专利占 8.93%，驳回专利占 5.12%。

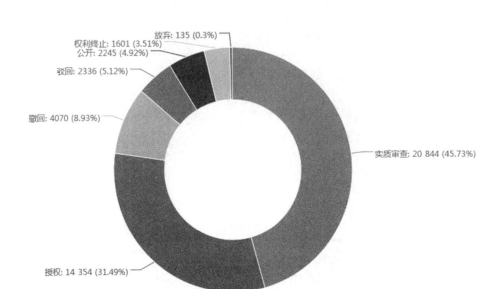

图 4-4　中国石墨烯领域专利申请法律状态分布

4.1.4　中国石墨烯专利重要申请人分析

图 4-5 给出了石墨烯中国专利申请数量排在前 50 位的申请人，其中高校申请占比最高，共有 37 个申请人。此外，还包括 5 家研究所、7 家公司以及 1 位自然人。

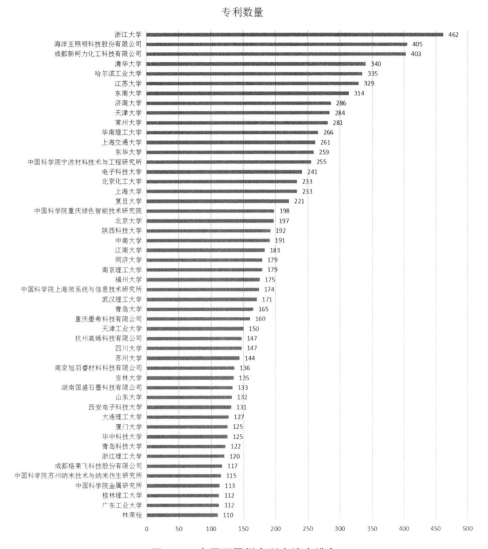

专利数量

图 4-5　中国石墨烯专利申请人排名

4.1.5　中国石墨烯专利重要申请人分析

图 4-6、表 4-1 给出了申请量排名前 15 的申请人的中国专利申请主要技术构成情况。

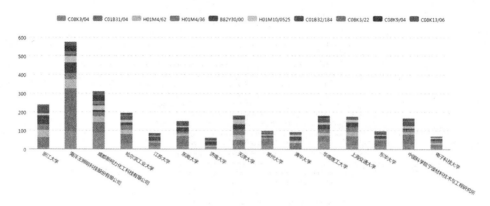

图 4-6　中国石墨烯专利主要申请人技术构成

表 4-1（1）　中国石墨烯专利主要申请人技术构成

分类号和技术主题词		浙江大学	海洋王照明科技股份有限公司	成都新柯力化工科技有限公司	哈尔滨工业大学	江苏大学	东南大学	济南大学
C08K3/04	碳	10	95	88	29	14	14	8
C01B31/04	石墨烯，制备，后处理，氧化石墨烯	54	231	58	51	22	57	4
H01M4/62	电极，在活性物质中非活性材料成分的选择，例如胶合剂、填料	37	48	29	23	4	12	5
H01M4/36	电极，作为活性物质、活性体、活性液体的材料的选择	31	32	23	24	5	10	6
B82Y30/00	用于材料和表面科学的纳米技术，例如：纳米复合材料	49	58	12	15	22	24	19
H01M10/0525	锂离子电池	10	34	24	15	4	6	3

续表

分类号和技术主题词		浙江大学	海洋王照明科技股份有限公司	成都新柯力化工科技有限公司	哈尔滨工业大学	江苏大学	东南大学	济南大学
C01B32/184	石墨烯的制备	43	10	9	23	11	23	11
C08K3/22	氧化物，金属的	1	15	15	4	0	1	0
C08K9/04	用有机物质处理的配料	2	31	31	10	3	3	2
C08K13/06	配料，预处理配料，无机物混合配料	1	21	21	1	0	1	3

表4-1（2）　中国石墨烯专利主要申请人技术构成

分类号和技术主题词		天津大学	常州大学	清华大学	华南理工大学	上海交通大学	东华大学	中国科学院宁波材料技术与工程研究所	电子科技大学
C08K3/04	碳	20	22	0	41	22	17	29	11
C01B31/04	石墨烯，制备，后处理，氧化石墨烯	31	34	34	32	49	34	51	15
H01M4/62	电极，在活性物质中非活性材料成分的选择，例如胶合剂、填料	25	3	10	15	22		13	10
H01M4/36	电极，作为活性物质、活性体、活性液体的材料的选择	30	7	4	19	26	5	12	12
B82Y30/00	用于材料和表面科学的纳米技术，例如：纳米复合材料	28	7	20	25	25	16	7	9

续表

分类号和技术主题词		天津大学	常州大学	清华大学	华南理工大学	上海交通大学	东华大学	中国科学院宁波材料技术与工程研究所	电子科技大学
H01M10/0525	锂离子电池	25	6	10	11	16	4	13	7
C01B32/184	石墨烯的制备	19	7	14	23	8	15	24	6
C08K3/22	氧化物，金属的	0	5	0	2	1	2	5	0
C08K9/04	用有机物质处理的配料	1	4	0	11	5	2	8	0
C08K13/06	配料，预处理配料，无机物混合配料	2	3	0	1	1	0	5	0

4.2 中国石墨烯各省份（直辖市）专利申请态势

图4-7反映了石墨烯技术在全国主要省市的申请趋势；图4-8给出了石墨烯领域全国申请地区分布情况，可以看出，石墨烯领域在国内地域分布比较集中，各地域之间申请量差距较大，主要申请人集中在江苏、广东、安徽、浙江、北京等省市。

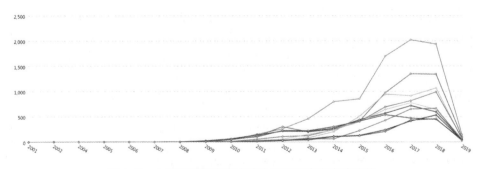

图4-7 中国石墨烯专利申请全国重要省市申请趋势

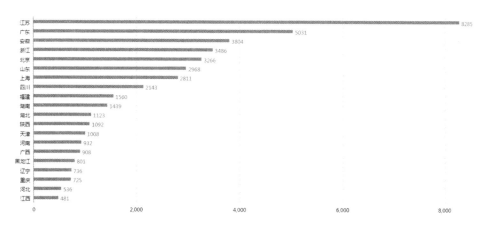

图 4-8 中国石墨烯专利全国申请地区分布

4.3 中国石墨烯各类型专利申请人及申请数量对比分析

结合国内和国外石墨烯专利申请人的具体情况，可以将申请人的类型主要分为大专院校、企业、科研单位、机关团体、个人以及其他。图 4-9 给出了中国石墨烯专利的申请人类型构成，可以看出，企业的专利申请数量占比最大，达到了 48.94%，其次是大专院校 34.95%、个人 8.28%、科研单位 7.16%、机关团体 0.62%以及其他 0.07%。

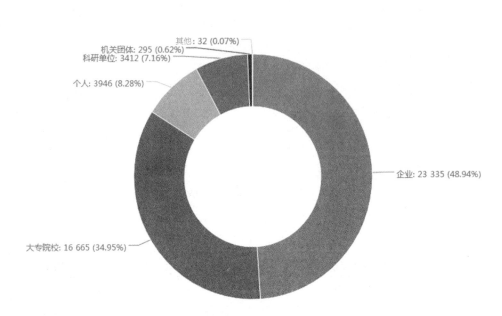

图4-9　中国石墨烯专利各类型专利申请人构成

图4-10、图4-11、图4-12分别给出了中国石墨烯专利国内企业申请人（申请量前20）、高校申请人（申请量前20）以及科研单位申请人（申请量前20）的具体申请情况；图4-13则反映了国外申请人（申请量前15）来华申请的具体情况。

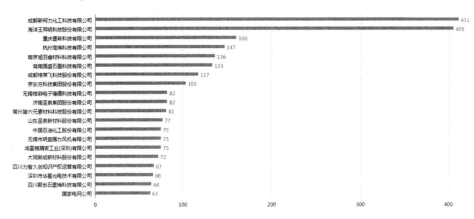

图4-10　石墨烯专利国内企业申请人排名

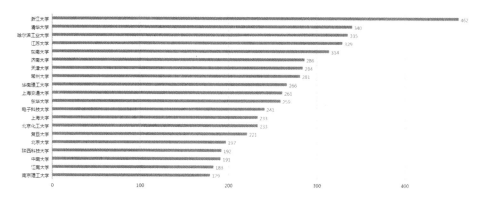

图4-11　中国石墨烯专利国内高校申请人排名

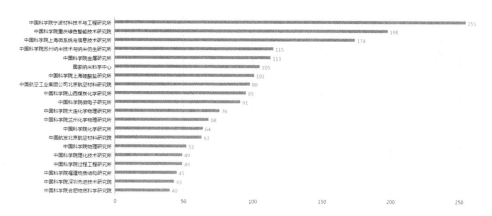

图4-12　中国石墨烯专利国内科研单位申请人排名

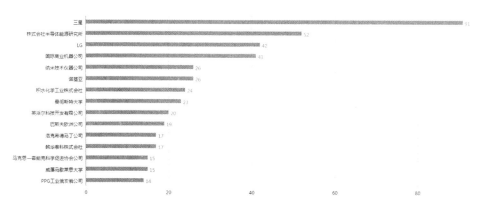

图4-13　中国石墨烯专利国外申请人排名

4.4 中国石墨烯专利转让/许可情况

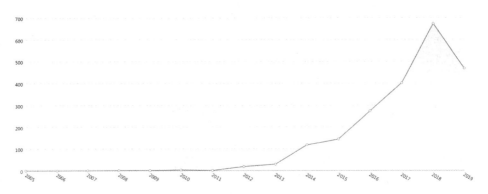

图4-14　中国石墨烯专利申请转让趋势

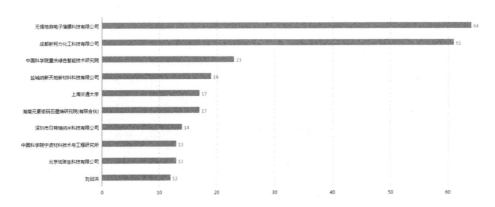

图4-15　中国石墨烯专利申请转让人排名

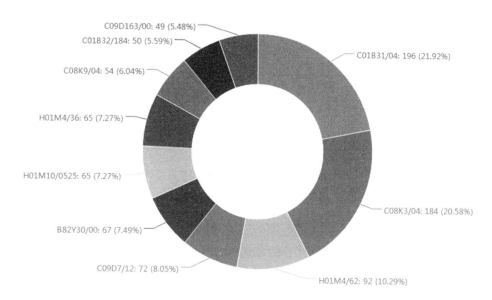

图 4-16　前 10 位中国石墨烯专利转让技术构成

图 4-16 给出了排在前 10 位的石墨烯中国专利转让技术构成。可以看出，C01B31/04、C08K3/04 和 H01M4/62 是在转让技术构成中占比较大的，具体的转让技术构成以及转让量如表 4-2 所示。

表 4-2　前 10 位中国石墨烯专利转让技术构成以及转让量

技术构成	技术主题词	专利转让数量（件）	转让量占比
C01B31/04	石墨烯，制备，后处理，氧化石墨烯	196	21.92%
C08K3/04	碳	184	20.58%
H01M4/62	电极，在活性物质中非活性材料成分的选择，例如胶合剂、填料	92	10.29%
C09D7/12	涂料添加剂	72	8.05%
B82Y30/00	用于材料和表面科学的纳米技术，例如：纳米复合材料	67	7.49%
H01M10/0525	锂离子电池	65	7.27%

续表

技术构成	技术主题词	专利转让数量（件）	转让量占比
H01M4/36	电极，作为活性物质、活性体、活性液体的材料的选择	65	7.27%
C08K9/04	用有机物质处理的配料	54	6.04%
C01B32/184	石墨烯制备	50	5.59%
C09D163/00	涂料组合物	49	5.48%

　　图 4-17 给出了石墨烯中国专利申请的许可趋势，可以看到，从 2011 年开始，石墨烯中国专利出现许可情况。图 4-18 给出了许可人的排名情况。

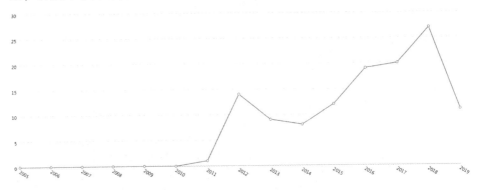

图 4-17　中国石墨烯专利许可趋势

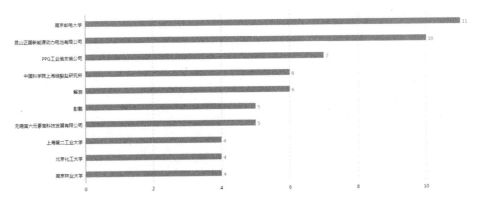

图 4-18　中国石墨烯专利许可人排名

　　图 4-19 给出了排在前 10 位的中国石墨烯专利许可技术构成。可以看出，C01B31/04、C08K3/04、H01M10/0525 和 H01M4/62 是在许可技术构成中占比较大的，具体的许可技术构成以及许可量如表 4-3 所示。

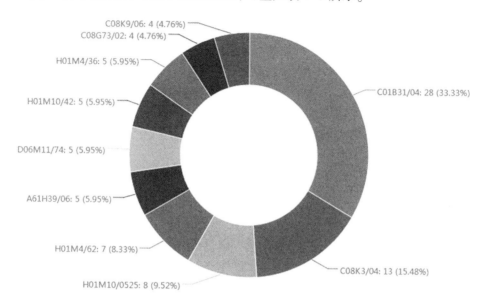

图 4-19　前 10 位中国石墨烯专利许可技术构成

表 4-3　前 10 位石墨烯中国专利许可技术构成以及许可量

技术构成	技术主题词	专利转让数量（件）	转让量占比
C01B31/04	石墨烯，制备，后处理，氧化石墨烯	28	33.33%
C08K3/04	碳	13	15.48%
H01M10/0525	锂离子电池	8	9.52%
H01M4/62	电极，在活性物质中非活性材料成分的选择，例如胶合剂、填料	7	8.33%
A61H39/06	在细胞生命限度内加热或冷却这样反射点的仪器	5	5.95%
D06M11/74	处理纤维、纱、线、织物或这些材料制成的纤维制品，用碳或石墨、碳化物、石墨酸或其盐	5	5.95%
H01M10/42	使用或维护二次电池或二次半电池的方法及装置	5	5.95%

技术构成	技术主题词	专利转让数量（件）	转让量占比
H01M4/36	电极，作为活性物质、活性体、活性液体的材料的选择	5	5.95%
C08G73/02	高分子化合物，聚胺	4	4.76%
C08K9/06	使用预处理的配料，用含硅化合物	4	4.76%

4.5 中国石墨烯技术重要专利申请人分析

4.5.1 海洋王照明科技股份有限公司

海洋王照明科技股份有限公司目前共申请 427 件石墨烯技术相关专利，其中发明专利授权 142 件、实用新型专利 4 件。图 4-20 给出了上述专利申请人石墨烯专利的申请趋势。可以看出，该公司的石墨烯专利申请集中在 2010—2013 年这四年，2014 年开始就不再涉及石墨烯技术的相关专利申请。

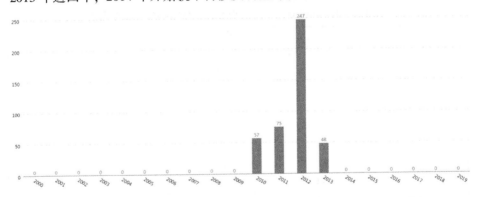

图 4-20　海洋王照明科技股份有限公司石墨烯专利申请趋势（基于申请年）

从图 4-21 可以看出，海洋王照明科技股份有限公司申请的专利主要涉及纳米金属颗粒、氧化石墨烯、碳纳米管、石墨烯纳米带、固体电解电容器这几个技术分支，包括了产品结构、工艺方法、实际应用等方面，具体分支布局以及申请情况如图 4-22 所示。

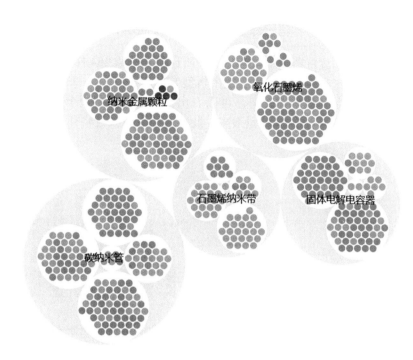

图 4-21 海洋王照明科技股份有限公司石墨烯专利申请专利技术分支分布

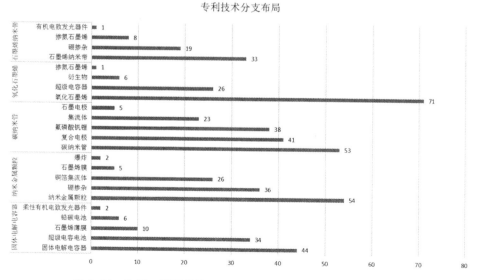

图 4-22 海洋王照明科技股份有限公司石墨烯专利技术分支布局

4.5.2　中国科学院宁波材料技术与工程研究所

中国科学院宁波材料技术与工程研究所目前共申请 264 件石墨烯技术相关专利，其中发明专利授权 128 件、实用新型专利 5 件。图 4-23 给出了上述专利申请人石墨烯专利的申请趋势。可以看出，该研究所的石墨烯专利申请从 2009 年开始，2014 年专利申请量最多，此后专利申请数量略有下降。

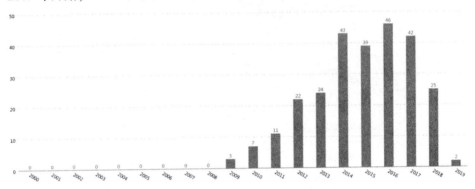

图 4-23　中国科学院宁波材料技术与工程研究所石墨烯专利申请趋势（基于申请年）

从图 4-24 可以看出，中国科学院宁波材料技术与工程研究所申请的专利主要涉及的技术分支包括太阳能吸收涂层、石墨烯导热膜、液相制备方法、加氢裂化催化剂、锂离子电池，具体申请情况如图 4-25 所示。

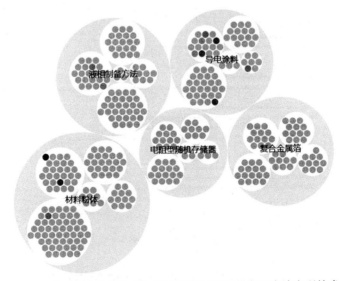

图 4-24　中国科学院宁波材料技术与工程研究所石墨烯专利申请专利技术分支分布

专利技术分支布局

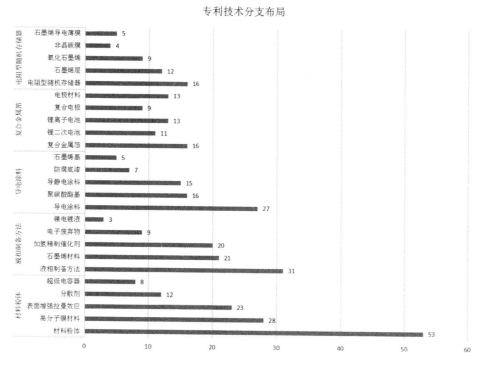

图 4-25 中国科学院宁波材料技术与工程研究所石墨烯专利技术分支布局

4.5.3 中国科学院重庆绿色智能技术研究院

中国科学院重庆绿色智能技术研究院目前共申请 203 件石墨烯技术相关专利，发明专利授权 88 件、实用新型专利 46 件。其中，与重庆墨希科技有限公司共同申请的石墨烯技术相关专利有 73 件，发明专利授权 34 件、实用新型专利 22 件。此外，重庆墨希科技有限公司还拥有外观设计 3 件。图 4-26 给出了中国科学院重庆绿色智能技术研究院石墨烯专利的申请趋势。可以看出，该研究院的石墨烯专利申请从 2013 年开始，2014—2016 年专利申请量最多，此后专利申请数量大幅下降。

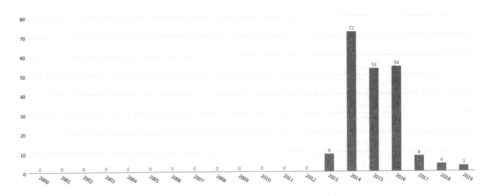

图 4-26　中国科学院重庆绿色智能技术研究院石墨烯专利申请趋势（基于申请年）

从图 4-27 可以看出，中国科学院重庆绿色智能技术研究院申请的专利主要涉及的技术分支包括纳米墙、压力传感器、大面积、石墨烯量子点、载具，具体申请如表 4-4 所示。

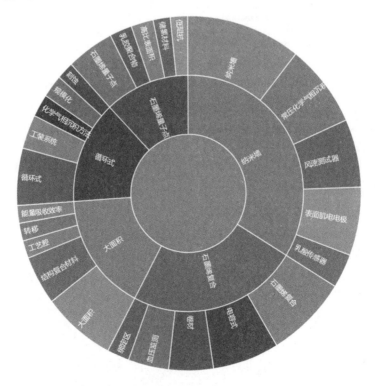

图 4-27　中国科学院重庆绿色智能技术研究院石墨烯专利申请专利技术分支分布

表 4-4

技术分支	具体细分	专利申请量
纳米墙	纳米墙	31
	常压化学气相沉积	22
	风速测试器	18
	表面肌电电极	18
	乳酸传感器	9
石墨烯复合	石墨烯复合	22
	电容式	18
	卷材	12
	血压监测	11
	绑定区	6
大面积	大面积	20
	结构复合材料	13
	能量吸收效率	4
	工艺腔	4
	转移	2
石墨烯量子点	石墨烯量子点	13
	乳胶聚合物	6
	高比表面积	6
	低阻抗	3
	储氢材料	2
循环式	循环式	15
	工装系统	9
	化学气相沉积方法	6
	规模化	6
	刻蚀	4

4.5.4 京东方科技

京东方科技目前共申请 200 件石墨烯技术相关专利，其中发明专利授权 78 件、实用新型专利 5 件。图 4-28 给出了上述专利申请人石墨烯专利的申请趋势。可以看出，该公司的石墨烯专利申请从 2011 年开始，在 2014—2017 年出现申请高峰，此后专利申请数量又开始下降。

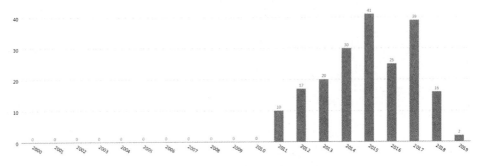

图 4-28　京东方科技石墨烯专利申请趋势（基于申请年）

从图 4-29 可以看出，京东方科技申请的专利主要涉及的技术分支包括发光显示面、二氧化硅衬底、触控基板、硅薄膜、触摸屏，具体分支布局以及申请情况如图 4-30 所示。

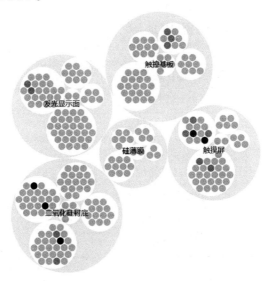

触控基板

发光显示面

硅薄膜

触摸屏

二氧化硅衬底

图 4-29　京东方科技石墨烯专利申请专利技术分支分布

专利技术分支布局

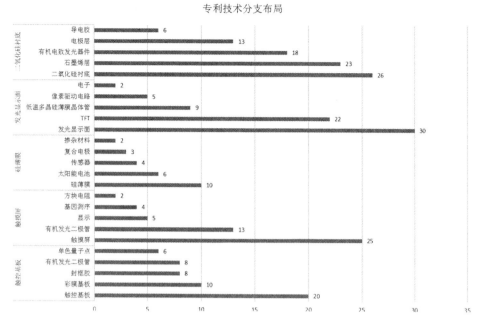

图 4-30 京东方科技石墨烯专利技术分支布局

4.5.5 杭州高烯科技

杭州高烯科技目前共申请 147 件石墨烯技术相关专利,其中发明专利授权 7 件、实用新型专利 17 件。图 4-31 给出了上述专利申请人石墨烯专利的申请趋势。可以看出,该公司的石墨烯专利申请从 2011 年开始,在 2014—2017 年出现申请高峰,此后专利申请数量又开始下降。

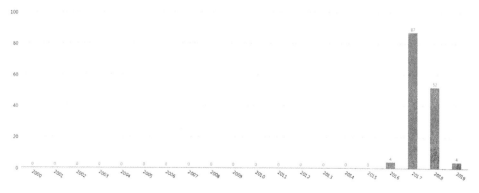

图 4-31 杭州高烯科技石墨烯专利申请趋势(基于申请年)

从图4-32可以看出，杭州高烯科技申请的专利主要涉及的技术分支包括氧化石墨烯、复合膜、防紫外、电热手套、步法，具体申请情况如表 4-5 所示。

图4-32 杭州高烯科技石墨烯专利申请专利技术分支分布

表 4-5

技术分支	具体细分	专利申请量
氧化石墨烯	氧化石墨烯	26
	铝离子电池	15
	石墨烯基	6
	洗发水	5
	口香糖	1
复合膜	复合膜	15
	铝离子电池	14
	光催化反应器	7
	高导热	6
防紫外	防紫外	13
	发泡聚氯乙烯	13
	纳米复合材料	8
	复合橡胶	4
	低温韧性	2
电热手套	电热手套	6
	复合玻璃	5
	可反复擦写	4
	手机	2
步法	步法	1
	大片	1

4.5.6　中国航空工业集团

中国航空工业集团目前共申请 109 件石墨烯技术相关专利，其中发明专利授权 26 件。图 4-33 给出了上述专利申请人石墨烯专利的申请趋势。可以看出，该公司的石墨烯专利申请从 2012 年开始，2015 年的专利申请数量最多，此后的专利申请量又大幅下降。

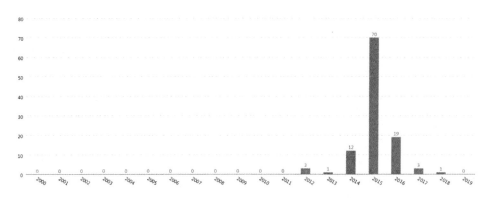

图 4-33　中国航空工业集团石墨烯专利申请趋势（基于申请年）

从图 4-34 可以看出，中国航空工业集团申请的专利主要涉及的技术分支包括蒙乃尔合金、复合粉体、叠层复合材料、耐热涂料、电子封装材料，具体申请情况如图 4-35 所示。

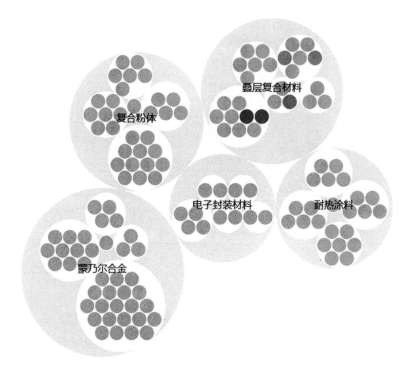

图 4-34　中国航空工业集团石墨烯专利申请专利技术分支分布

专利技术分支布局

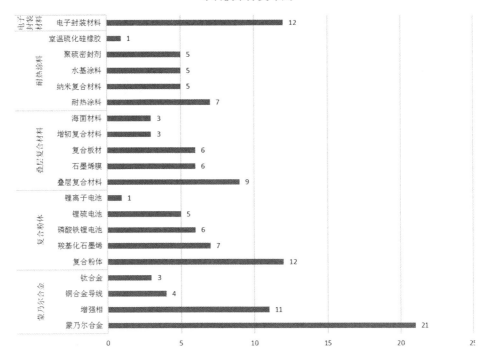

图 4-35　中国航空工业集团石墨烯专利技术分支布局

第五章　国外重点国家石墨烯技术专利分析

5.1　美国石墨烯专利重点分析

在检索到的 66 903 件全球石墨烯专利中，申请美国专利的有 5084 件，申请量仅次于中国专利申请。

本数据来源于 INCOPAT 数据库，检索时间为 2019 年 6 月。本部分在前述总体态势分析的基础上，从年度分布、来源国分布、重要申请人分布等方面，对美国石墨烯专利进行重点分析。

5.1.1　美国石墨烯专利年度申请趋势分析

图 5-1 给出了美国（基于申请年）石墨烯专利申请数量的年度分布情况。可以看出，美国石墨烯专利的申请量在一开始增长一直较缓慢，直到 2008 年后，申请数量开始持续增长，2012 年以后，专利申请数量一直相对较高。这与全球石墨烯专利申请数量的总体变化趋势是基本一致的，也进一步表明，石墨烯目前仍然是一个热点技术领域。

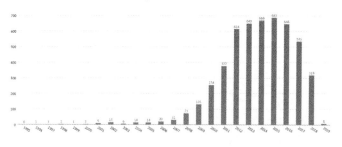

图 5-1　美国石墨烯专利申请年代分布趋势（基于申请年）

5.1.2 美国石墨烯专利申请来源国家/地区分析

图 5-2 反映了美国石墨烯专利申请的来源国家/地区分布情况（基于申请人国别），在检索到的 5084 件石墨烯美国专利申请中，有 2416 件申请来自美国国内，其他的主要申请来源地包括韩国 813 件、日本 445 件、中国 408 件、中国台湾 334 件、德国 129 件、英国 93 件、沙特阿拉伯 71 件、新加坡 60 件、加拿大 47 件等。

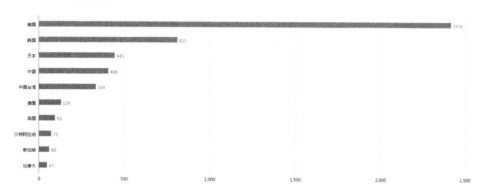

图 5-2 美国石墨烯专利申请国家/地区分布（基于申请人国别）

图 5-3、表 5-1 给出了近 20 年主要国家/地区（基于申请人国别）在美国石墨烯专利申请数量的年度变化情况。可以看出，除了美国申请人外，其他国家/地区大部分都在 2008 年才开始在美国申请石墨烯专利。

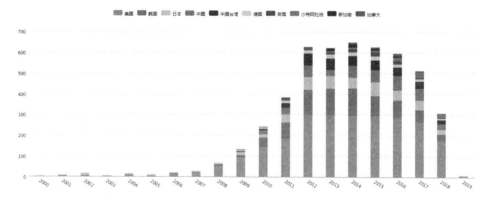

图 5-3 主要国家/地区近 20 年美国石墨烯专利申请数量的年度分布

表 5-1　主要国家/地区近 20 年美国石墨烯专利申请数量的年度分布

国家或地区　年份	美国	韩国	日本	中国	中国台湾	德国	英国	沙特阿拉伯	新加坡	加拿大
2000	3	0	0	0	0	0	0	0	0	0
2001	7	0	1	0	0	1	0	0	0	0
2002	8	0	7	0	0	0	1	0	0	0
2003	3	1	1	0	0	0	0	0	0	0
2004	11	0	2	0	1	0	0	0	0	0
2005	6	0	6	0	0	0	0	0	0	0
2006	20	0	0	0	0	0	0	0	0	0
2007	23	1	4	0	0	1	0	0	0	0
2008	49	13	4	0	0	4	0	0	0	0
2009	90	15	11	4	3	5	1	0	2	0
2010	142	47	15	19	8	7	1	0	1	0
2011	182	81	38	30	24	12	6	0	5	3
2012	297	121	62	54	59	14	8	1	4	2
2013	297	127	59	30	51	17	9	6	13	3
2014	296	132	51	56	48	17	16	6	16	8
2015	293	96	67	58	46	19	20	7	9	7
2016	286	85	48	71	40	14	17	15	8	12
2017	266	59	46	57	35	11	8	22	2	8
2018	176	33	22	27	20	7	6	14	0	4
2019	2	2	1	3	0	0	0	0	0	0

5.1.3　美国石墨烯专利重要申请人分析

图 5-4 给出了美国石墨烯专利申请数量较多的前 15 位专利申请人。可以看出，其中美国国内申请人有 7 位，来自国外的申请人有 8 位，分别是韩国的三星、成均馆大学；日本的株式会社半导体能源研究所、株式会社东芝；中国的清华大学、鸿富锦精密工业（深圳）有限公司、深圳华星光电科技有限公

司以及京东方科技集团有限公司。

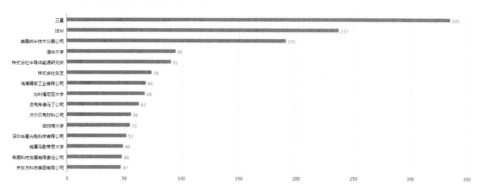

图5-4 美国石墨烯专利申请人排名

5.1.4 美国石墨烯重要专利申请人分析

5.1.4.1 IBM（国际商业机器公司）

IBM 公司目前在全球共申请 421 件石墨烯相关专利，其中美国发明专利授权 210 件、中国发明专利授权 31 件。图 5-5 给出了上述专利申请人石墨烯专利的申请趋势。可以看出，IBM 公司的专利申请数量在 2012 年最多，在 2013 年之后申请量开始减少。从图 5-6 中可以看出，IBM 在全球的专利布局主要还是以美国本土为主，而中国成为其最为重视的外国市场。

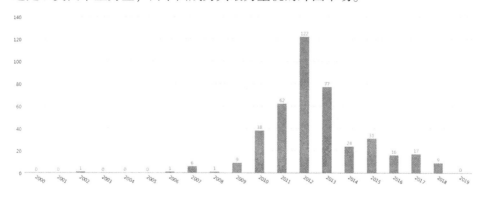

图 5-5 IBM 石墨烯全球专利申请趋势（基于申请年）

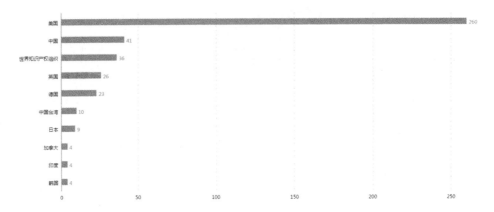

图 5-6　IBM 石墨烯全球专利申请地域排名

　　IBM 在石墨烯领域的专利申请的技术分支主要涉及栅极电介质、半导体芯片、势垒金属层、电化学刻蚀、霍尔传感器等技术。图 5-7 给出了上述申请人在石墨烯领域的专利申请技术分支分布，其具体申请情况如表 5-2 所示。此外，根据引证次数，表 5-3 列出了 IBM 在石墨烯领域的重点专利。

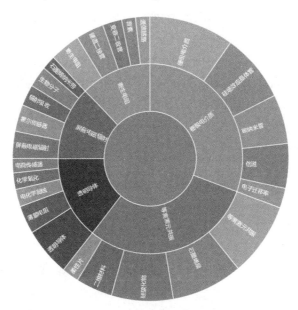

图 5-7　IBM 石墨烯专利申请专利技术分支分布

表5-2　IBM石墨烯领域的专利申请技术分支分布

技术分支	具体细分	专利申请量
栅极电介质	栅极电介质	74
	硅场效应晶体管	59
	碳纳米管	5
	信道	38
	电子迁移率	17
等离激元共振	等离激元共振	63
	石墨烯层	62
	硅碳化物	54
	二维材料	32
	柔性片	15
寄生电阻	寄生电阻	27
	隧道二极管	24
	变容二极管	17
	通信链路	11
	音素	6
透明导体	透明导体	42
	薄膜电阻	24
	电化学刻蚀	15
	电学氧化	14
	电荷传感器	12
屏蔽电磁辐射	屏蔽电磁辐射	23
	霍尔传感器	23
	生物分子	18
	辐射吸收	18
	石墨烯纳米带	5

表 5-3　IBM 重点专利

序号	公开（公告）号	申请日	同族国家	被引证次数	技术领域
1	US20090020764A1	2007/7/16	US	212	石墨烯基场效应晶体管
2	US20110101309A1	2009/11/4	US	70	石墨烯基可调带隙开关器件
3	US20110114918A1	2009/11/17	US	61	石墨烯纳米电子器件
4	US20120056161A1	2010/9/7	US, WO, TW, GB	57	石墨烯场效应晶体管
5	US20110284818A1	2010/5/20	WO, US, GB, CN, DE, KR, SG, TW, IN, JP	54	石墨烯沟道器件
6	US20120261643A1	2011/4/18	US, WO, CN, GB, KR, CA, DE, IN	50	石墨烯纳米带和碳纳米管
7	US20120326126A1	2011/6/23	US, WO, CN, DE, GB	42	半导体器件
8	US20110215300A1	2010/3/8	US, WO, CA, CN, EP, TW, JP	39	集成电路
9	US20120181507A1	2011/1/19	US	36	包括石墨烯纳米带有序排列的半导体结构
11	US8106383B2	2009/11/13	US, WO, GB, TW, CN, DE, JP	36	石墨烯晶体管
12	US20110042687A1	2009/8/24	US	31	石墨烯在含碳半导体层上的生长
13	US20110227043A1	2010/3/19	US	31	石墨烯传感器
14	US20120205626A1	2011/2/15	US	29	用于半导体的互连结构
15	US8053782B2	2009/8/24	US, WO, CN, EP, JP, TW	29	石墨烯基光电探测器件

5.1.4.2 威廉马歇莱思大学

威廉马歇莱思大学目前在全球共申请 208 件石墨烯相关专利，其中美国发明专利授权 23 件、中国发明专利授权 3 件。图 5-8 给出了上述专利申请人石墨烯专利的申请趋势。可以看出，威廉马歇莱思大学的石墨烯专利申请从 2007 年开始，此后申请趋势比较稳定，专利申请数量在 2015 年最多。从图 5-9 中可以看出，威廉马歇莱思大学在全球的专利布局主要涉及美国、欧洲、中国、加拿大等地。

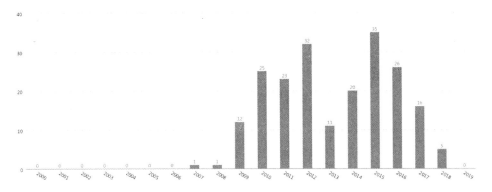

图 5-8 威廉马歇莱思大学石墨烯全球专利申请趋势（基于申请年）

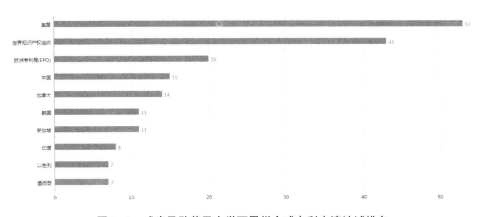

图 5-9 威廉马歇莱思大学石墨烯全球专利申请地域排名

威廉马歇莱思大学在石墨烯领域的专利申请涉及的技术分支主要包括稳定化、石墨烯氧化物、阵列电极、碳源、磁性等技术。图 5-10 给出了上述申请人在石墨烯领域的专利申请技术分支分布，其具体技术布局以及申请情况如图

5-11 所示。此外，结合专利被引证次数，表 5-4 列出了威廉马歇莱思大学在石墨烯领域的重点专利。

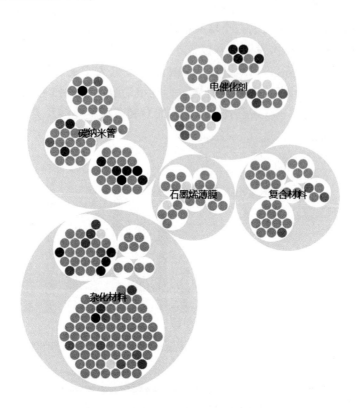

图 5-10　威廉马歇莱思大学石墨烯专利申请专利技术分支分布

专利技术分支布局

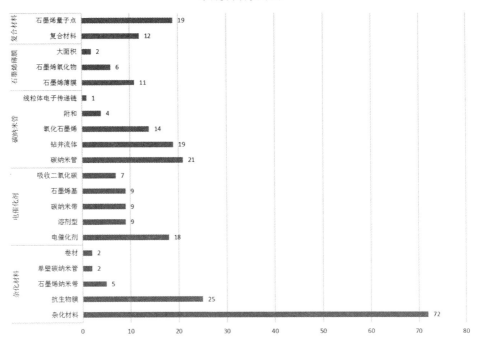

图 5-11　威廉马歇莱思大学石墨烯专利技术分支布局

表 5-4　威廉马歇莱思大学重点专利

序号	公开（公告）号	申请日	同族国家	被引证次数	技术领域
1	US20130048339A1	2011/3/8	US，WO，EP，CN，JP，KR，SG	54	用于光电探测的透明电极
2	WO2008097343A2	2007/8/7	WO	50	功能化石墨烯
3	WO2012148439A1	2011/9/9	WO，US	37	非-催化剂表面的石墨烯薄膜的生长
4	US20120129736A1	2010/5/14	US，WO，EP，CN，JP，KR，SG，CA，BR，MX	31	氧化石墨烯制备
5	US20110059871A1	2010/7/8	US，WO，EP，CN，CA，AU，MX	30	含石墨烯的钻井液

序号	公开（公告）号	申请日	同族国家	被引证次数	技术领域
6	US20120208008A1	2012/1/20	US，WO，EP，CA	19	石墨烯基薄膜
7	US20150023858A1	2014/7/18	US	18	钢筋混合材料
8	WO2012170086A1	2012/2/27	WO，US，CA，EP，JP	18	氧化石墨烯复合物
9	TW201012749A	2009/8/18	CN，KR，WO，EP，JP，TW	16	石墨烯纳米带
10	US20120063988A1	2010/2/19	US，WO	16	石墨烯纳米带在超强酸溶液中的溶解及其控制
11	US20120024153A1	2011/6/13	US	14	用于纳米材料的物质组合物制备
12	US9096437B2	2012/7/30	US	13	非气态碳源生长石墨烯薄膜
13	US20120213994A1	2012/1/17	US	12	X射线吸收组合物制备
14	US20150280248A1	2015/3/26	US	7	石墨烯量子点-碳材料复合材料
15	WO2011057279A1	2010/11/9	WO，US	7	碳薄膜制备

5.1.4.3　德克萨斯大学

德克萨斯大学目前在全球共申请55件石墨烯相关专利，其中美国发明专利授权12件。图5-12给出了上述专利申请人石墨烯专利的申请趋势。可以看出，德克萨斯大学的石墨烯专利申请从2009年开始，虽然整体申请量不大，但申请趋势比较稳定，专利申请数量在2016年最多。从图5-13中可以看出，德克萨斯大学在全球的专利布局较为集中。

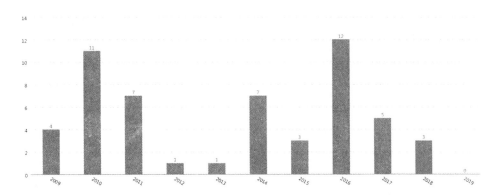

图 5-12　德克萨斯大学石墨烯全球专利申请趋势（基于申请年）

图 5-13　德克萨斯大学石墨烯全球专利申请地域排名

德克萨斯大学在石墨烯领域的专利申请的技术分支主要涉及透明导电薄膜、碳酸丙烯酯、石墨烯氧化物、超级电容器等技术。图 5-14 给出了上述申请人在石墨烯领域的专利申请技术分支分布，其具体技术分支布局以及申请情况如图 5-15 所示。此外，结合专利被引证次数，表 5-5 列出了德克萨斯大学在石墨烯领域的重点专利。

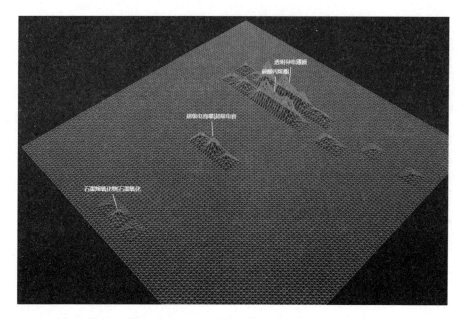

图 5-14　德克萨斯大学石墨烯专利申请专利技术分支分布

专利技术分支布局

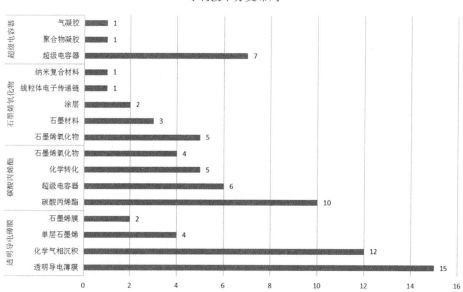

图 5-15　德克萨斯大学石墨烯专利技术分支布局

表 5-5　德克萨斯大学重点专利

序号	公开（公告）号	申请日	同族国家	被引证次数	技术领域
1	US20100035093A1	2009/4/27	US，WO	84	超级电容器制备
2	US20110091647A1	2010/5/5	US	65	石墨烯制备
3	US20100181655A1	2009/1/22	US	47	石墨烯涂层
4	US20110080689A1	2010/9/3	US，WO	41	超级电容器制备
5	US20100203340A1	2010/2/9	US，WO	39	石墨烯用于保护涂层
6	US20100176351A1	2010/1/15	US，WO	29	石墨烯及其复合物
7	US20130240847A1	2011/5/21	US，WO	28	石墨烯导电层用于 OLED
8	US20110079748A1	2010/10/1	US，WO	19	氧化石墨烯悬浊液的处理方法
9	WO2011150329A2	2011/5/27	AU，CA，GB，KR，WO，EP，JP，BR，CN	12	用于化学转化
10	US8309438B2	2010/2/16	US	11	使用碳离子注入合成石墨烯的方法
11	WO2011046775A1	2010/10/5	WO	11	透明导电膜制备
12	US20150060768A1	2014/8/7	US	9	改善器件电性能
13	WO2011116369A2	2011/3/21	WO，US	8	沉积石墨烯的方法
14	US20170037257A1	2015/4/14	US，WO	7	石墨烯基涂料
15	US20140255795A1	2014/3/10	US，WO	6	石墨烯纳米复合物

5.1.4.4　Nanotek Instruments Inc（纳米技术仪器公司）& JANG B Z & ZHAMU A

JANG B Z、ZHAMU A 均为 Nanotek Instruments Inc 的重要发明人，同时也是该公司的联合创始人。另外，张博增博士也是世界最早将石墨烯技术推向产业化的科学家之一，由其创立的 Angstron Materials，Inc.（安固强材料有限公司）是全美首家获得美国能源部、美国国家自然科学基金及美国国家标准总局关于石墨烯产业化及相关应用的研究基金的企业。2007 年 Angstron Materials，Inc. 开始量产单层石墨烯并开发了多种相关技术产品，其单层石墨烯产量在世界居领先地位，年产能力达 30～100 t，产品已销往世界各地 30 多个国家。

Nanotek Instruments Inc（纳米技术仪器公司）& JANG B Z & ZHAMU A 目前在全球共申请 310 件石墨烯相关专利，其中美国发明专利授权 120 件，中国发明专利授权 5 件。图 5-16 给出了上述专利申请人石墨烯专利的申请趋势。可以看出，Nanotek Instruments Inc（纳米技术仪器公司）& JANG B Z & ZHAMU A 的石墨烯专利申请从 2002 年开始，在 2006 年之后专利申请趋势处于平稳状态，在 2016—2017 年专利申请数量有大幅增加。从图 5-17 可以看出，上述申请人在全球的专利布局主要集中在美国、中国、韩国、日本等地。

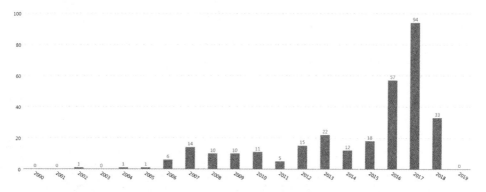

图 5-16　Nanotek Instruments Inc（纳米技术仪器公司）& JANG B Z & ZHAMU A 石墨烯全球专利申请趋势（基于申请年）

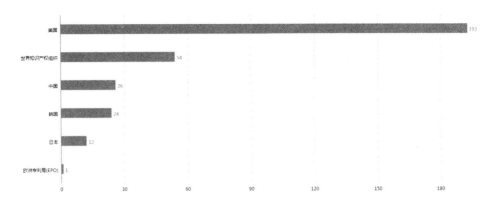

图 5-17　Nanotek Instruments Inc（纳米技术仪器公司）& JANG B Z & ZHAMU A
石墨烯全球专利申请地域排名

　　Nanotek Instruments Inc（纳米技术仪器公司）& JANG B Z & ZHAMU A 在石墨烯领域的专利申请的技术分支主要涉及氧化石墨烯、锂离子电池、石墨烯片、电极活性材料、超声破碎等技术。图 5-18 给出了上述申请人在石墨烯领域的专利申请技术分支分布，其具体申请情况如表 5-6 所示。此外，根据专利被引证次数，表 5-7 列出了 Nanotek Instruments Inc（纳米技术仪器公司）& JANG B Z & ZHAMU A 在石墨烯领域的重点专利。

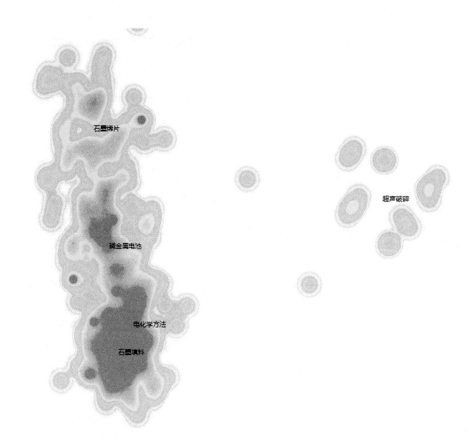

图 5-18　Nanotek Instruments Inc（纳米技术仪器公司）& JANG B Z & ZHAMU A
石墨烯专利申请专利技术分支分布

表 5-6　Nanotek Instruments Inc（纳米技术仪器公司）& JANG B Z & ZHAMU A
石墨烯领域的专利申请技术分支分布

技术分支	具体细分	专利申请量
石墨填料	石墨填料	57
	石墨烯膜	50
	超级电容器	25
	导电油墨	8
	石墨烯氧化物	7

续表

技术分支	具体细分	专利申请量
碱金属电池	碱金属电池	42
	复合阳极	32
	电极活性材料	20
	聚合物粘合剂	7
	腐殖酸	2
石墨烯片	石墨烯片	42
	纳米复合材料	24
	树脂固化剂	4
	聚合物	2
	润滑剂	2
电化学方法	电化学方法	41
	石墨烯材料	30
	超临界流体	3
超声破碎	超声破碎	5
	石墨烯片层	4
	电化学	4
	分散体	4

表 5-7　Nanotek Instruments Inc（纳米技术仪器公司）& JANG B Z & ZHAMU A 重点专利

序号	公开（公告）号	申请日	同族国家	被引证次数	技术领域
1	US7071258B1	2002/10/21	US	405	纳米级石墨烯板
2	US20050271574A1	2004/6/3	US	227	纳米级石墨烯板的制备方法
3	US7623340B1	2006/8/7	US	192	纳米复合材料，用于超级电容器

续表

序号	公开（公告）号	申请日	同族国家	被引证次数	技术领域
4	US20080020193A1	2006/7/24	US	147	纳米级填料，用于混杂纤维束
5	US20100000441A1	2008/7/1	US	133	基于纳米石墨烯片状物的导电油墨
6	US20080279756A1	2007/5/8	US	132	纳米级石墨烯片层
7	US7745047B2	2007/11/5	US, WO, CN, JP, KR	124	米级石墨烯片基复合材料组合物，用于锂离子电池阳极
8	US20100021819A1	2008/7/28	US	112	石墨烯纳米复合材料，用于电化学电池电极
9	US20080206124A1	2007/2/22	US	111	纳米石墨烯和无机片层及其纳米复合材料
10	US20110159372A1	2009/12/24	US, WO, CN, EP, JP, KR	103	导电石墨烯聚合物粘结剂，用于锂电池
11	US20100173198A1	2009/1/2	US	77	锂离子电池
12	US20090022649A1	2007/7/19	US	70	超薄纳米级石墨烯片层
13	US20110157772A1	2009/12/28	US	67	纳米石墨烯超级电容器电极
14	US20140030590A1	2012/7/25	US	65	石墨烯电极
15	US20120321953A1	2011/6/17	US	56	石墨烯复合物，用于锂电池

5.1.4.5　VORBECK MATERIALS CORP（沃尔贝克材料有限公司）

VORBECK MATERIALS CORP（沃尔贝克材料有限公司）目前在全球共申请75件石墨烯相关专利，其中美国发明专利授权13件，中国发明专利授权3件。图5-19给出了上述专利申请人石墨烯专利的申请趋势。可以看出，VORBECK MATERIALS CORP（沃尔贝克材料有限公司）的石墨烯专利申请从2009年开始，在2010年的时候专利申请数量最多。从图5-20中可以看出，上述申请人在全球的专利布局以美国本土为主，其他地区主要包括欧洲、中国、韩国等地。

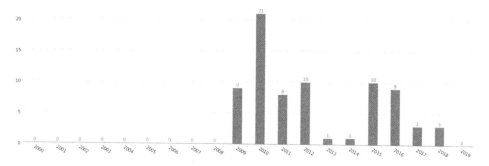

图5-19　VORBECK MATERIALS CORP 石墨烯全球专利申请趋势（基于申请年）

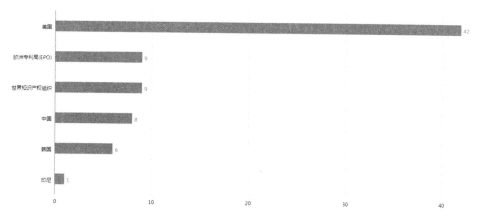

图5-20　VORBECK MATERIALS CORP 石墨烯全球专利申请地域排名

VORBECK MATERIALS CORP（沃尔贝克材料有限公司）在石墨烯领域的专利申请涉及的技术分支主要包括聚合物、石墨烯、诊断系统等技术。图5-21给出了上述申请人在石墨烯领域的专利申请技术分支分布，其具体申请情况如表 5-8 所示。此外，根据专利被引证次数，表 5-9 列出了 VORBECK MATERIALS CORP（沃尔贝克材料有限公司）在石墨烯领域的重点专利。

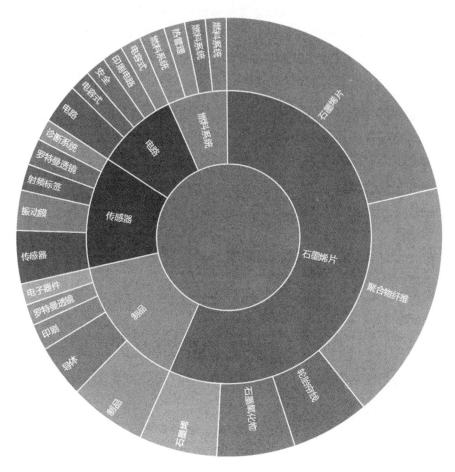

图 5-21 VORBECK MATERIALS CORP 石墨烯专利申请专利技术分支分布

表 5-8　VORBECK MATERIALS CORP 石墨烯领域的专利申请技术分支分布

技术分支	具体细分	专利申请量
石墨烯片	石墨烯片	26
	聚合物纤维	8
	轮胎帘线	7
	石墨氧化物	5
	石墨烯	3
制品	制品	14
	导体	4
	印刷	4
	罗特曼透镜	3
	电子器件	3
传感器	传感器	6
	振动膜	4
	射频标签	3
	罗特曼透镜	3
	诊断系统	2
电路	电路	4
	电容式	2
	安全	2
燃料系统	燃料系统	3
	热管理	1

表 5-9　VORBECK MATERIALS CORP 重点专利

序号	公开（公告）号	申请日	同族国家	被引证次数	技术领域
1	US20110088931A1	2010/4/6	US	67	涂层
2	US20110189452A1	2010/7/31	US	48	石墨烯组合物
3	US20110186786A1	2010/7/31	US	35	石墨烯组合物

序号	公开（公告）号	申请日	同族国家	被引证次数	技术领域
4	US20120277360A1	2011/10/28	US	35	石墨烯组合物
5	US20110133134A1	2010/6/9	US	34	交联组合物
6	US20110135884A1	2010/4/6	US	31	涂层
7	US20110114189A1	2009/4/6	US, WO	27	高分子聚合物，用于燃料系统部件
8	US20120128570A1	2009/10/10	US, WO, EP	17	氧化石墨烯制备
9	US20130119321A1	2012/11/14	US, WO	11	含硫石墨烯片，用于电池电极
10	CN104136237A	2012/12/12	CN, JP, EP, KR, WO, US	9	包含石墨烯的聚合物橡胶
11	US20110287241A1	2010/11/18	US	9	石墨烯胶带
12	CN104640808A	2012/11/14	WO, CN, EP	4	油墨或涂料
13	US20160021969A1	2015/7/24	US	3	石墨烯聚合物组合物，用于鞋类物品
14	US20170038795A1	2015/1/5	US	3	油墨或涂层，用于皮革制品
15	WO2016057109A2	2015/8/10	WO	3	基于石墨烯的透明导体

5.2　韩国石墨烯专利重点分析

在检索到的 66 903 件全球石墨烯专利中，申请了韩国专利的有 5073 件。

本数据来源于 INCOPAT 数据库，检索时间为 2019 年 6 月。本部分在前述总体态势分析的基础上，从年度分布、来源国分布、重要申请人分布等方面，对韩国石墨烯专利进行重点分析。

5.2.1　韩国石墨烯专利年度申请趋势分析

图 5-22 给出了韩国（基于申请年）石墨烯专利申请数量的年度分布情况。可以看出，韩国石墨烯专利的申请量从 2008 年开始持续增长，2015 年的专利申请数量最多。

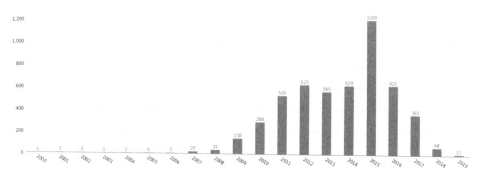

图 5-22　韩国石墨烯专利申请年代分布趋势（基于申请年）

5.2.2　韩国石墨烯专利申请来源国家/地区分析

图 5-23 反映了韩国石墨烯专利申请的来源国家/地区分布情况（基于申请人国别），在检索到的 5073 件石墨烯韩国专利申请中，有 4468 件申请来自韩国国内，其他的主要申请来源地包括美国 252 件、日本 179 件、德国 52 件、中国 39 件、英国 37 件、法国 15 件、中国台湾 14 件、新加坡 13 件、瑞士 11 件等。

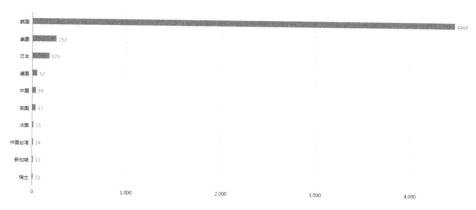

图 5-23　韩国石墨烯专利申请国家/地区分布（基于申请人国别）

图5-24、表5-10给出了近20年主要国家/地区（基于申请人国别）在韩国石墨烯专利申请数量的年度变化情况。

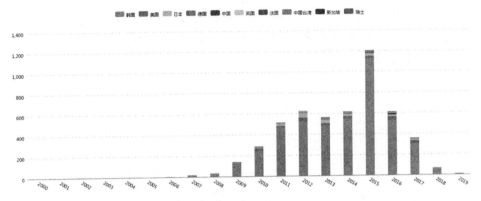

图 5-24　主要国家/地区近20年韩国石墨烯专利申请数量的年度分布

表 5-10　主要国家/地区近20年石墨烯韩国专利申请数量的年度分布

	韩国	美国	日本	德国	中国	英国	法国	中国台湾	新加坡	瑞士
2000	1	0	0	0	0	0	0	0	0	0
2001	2	0	1	0	0	0	0	0	0	0
2002	2	1	0	0	0	0	0	0	0	0
2003	1	0	0	0	0	0	0	0	0	0
2004	1	0	1	0	0	0	0	0	0	0
2005	1	0	3	0	0	0	0	0	0	0
2006	2	3	0	0	0	0	0	0	0	0
2007	16	3	2	0	0	0	0	0	0	0
2008	29	4	1	2	0	0	0	0	0	0
2009	121	8	4	3	0	0	1	0	2	0
2010	244	26	5	4	1	3	2	1	1	1
2011	466	18	19	3	0	4	1	0	3	1
2012	524	39	41	9	1	6	3	0	1	1
2013	483	24	32	8	2	4	3	2	1	4

续表

	韩国	美国	日本	德国	中国	英国	法国	中国台湾	新加坡	瑞士
2014	545	28	20	6	5	7	1	4	1	0
2015	1123	27	21	10	9	4	2	1	2	3
2016	528	38	13	2	16	7	2	5	2	0
2017	300	32	12	3	4	2	0	2	0	1
2018	61	2	4	0	1	0	0	0	0	0
2019	11	0	0	0	0	0	0	0	0	0

5.2.3　韩国石墨烯专利重要申请人分析

图5-25给出了韩国石墨烯专利申请数量较多的前10位专利申请人。可以看出，排名前10的韩国石墨烯专利申请人均来自韩国国内。

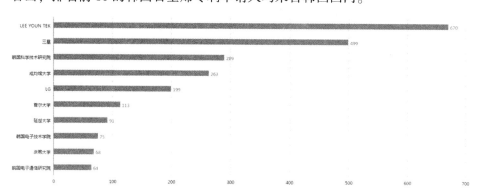

图5-25　韩国石墨烯专利申请人排名

5.2.4　韩国石墨烯重要专利申请人分析

5.2.4.1　SAMSUNG（三星集团）

SAMSUNG（三星集团）目前在全球共申请1105件石墨烯相关专利，其中韩国发明专利授权66件、美国发明专利授权238件、中国发明专利授权52件。图5-26给出了上述专利申请人石墨烯专利的申请趋势。可以看出，

SAMSUNG（三星集团）的石墨烯相关专利从 2007 年开始申请，在 2010—2014 年之间专利申请量大幅增加，之后申请数量又逐渐减少。从图 5-27 中可以看出，SAMSUNG（三星集团）在全球的专利布局主要包括韩国、美国、中国、日本、欧洲等地。

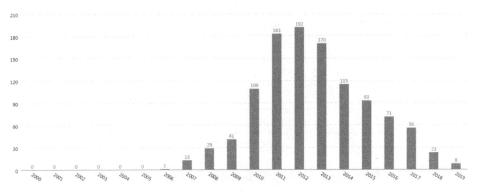

图 5-26　SAMSUNG 石墨烯全球专利申请趋势（基于申请年）

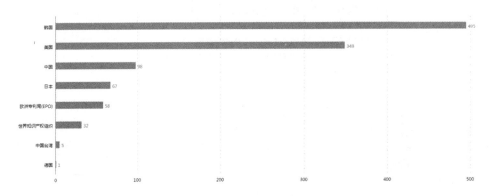

图 5-27　SAMSUNG 石墨烯全球专利申请地域排名

　　SAMSUNG（三星集团）在石墨烯领域的专利申请的技术分支主要涉及热电材料、二维材料、光发射、透明电极、硬掩模等技术。图 5-28 给出了上述申请人在石墨烯领域的专利申请技术分支分布，其具体申请情况如图 5-29 所示。此外，根据专利被引证次数，表 5-11 列出了 SAMSUNG（三星集团）在石墨烯领域的重点专利。

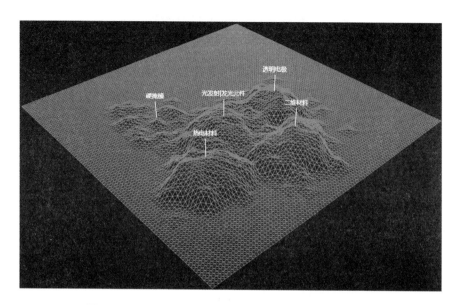

图 5-28 SAMSUNG 石墨烯专利申请专利技术分支分布

专利技术分支布局

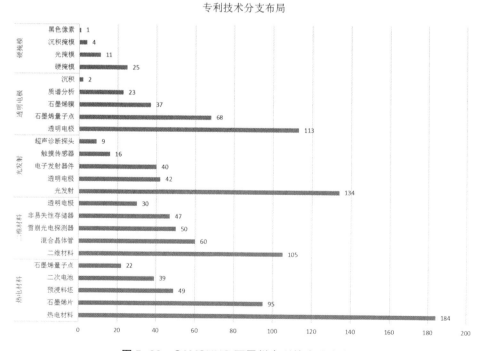

图 5-29 SAMSUNG 石墨烯专利技术分支布局

表 5-11 SAMSUNG 重点专利

序号	公开（公告）号	申请日	同族国家	被引证次数	技术领域
1	US20090110627A1	2008/7/8	US, EP, KR, JP, CN	209	石墨烯片制备
2	US20090155561A1	2008/7/9	US, CN, JP, KR	130	单晶石墨烯片制备
3	US20090068471A1	2008/7/7	US, WO, CN, EP, KR	90	石墨烯片制备
4	US20110070146A1	2010/9/21	US, JP, CN, KR	77	石墨烯的制造方法
5	US20090294759A1	2008/8/29	US, KR	72	应用于电子器件的结构
6	US20110104442A1	2010/10/29	US, EP, KR	70	石墨烯片材
7	US20110123776A1	2010/11/12	US, KR	60	石墨烯层压板的制备
8	US20090308520A1	2009/1/23	US, JP, KR	59	从石墨烯片剥离碳化催化剂的方法
9	US20110033677A1	2010/6/15	EP, US, KR	46	石墨烯基
10	US20110149670A1	2010/8/24	US, KR	46	石墨烯层，用于自旋阀装置
11	US20120068154A1	2011/9/16	US, KR	46	石墨烯量子点发光器件
12	US20120256167A1	2011/9/2	JP, US, CN, KR	45	石墨烯电子器件
13	US20110108521A1	2010/9/21	US, CN, JP, KR	35	大尺寸石墨烯的制造和转移
14	US20120325296A1	2012/6/22	US, KR	33	石墨烯晶体管
15	US20090020399A1	2007/10/31	US, KR	32	弹性导电层，用于机电开关
16	US20110092054A1	2010/8/27	US, KR	31	使用激光束固定石墨烯缺陷的方法
17	KR1020110031864A	2009/9/21	KR	30	石墨烯薄膜的制备

续表

序号	公开（公告）号	申请日	同族国家	被引证次数	技术领域
18	US20130153860A1	2012/12/11	US，KR	30	在石墨烯上形成杂化纳米结构的方法
19	US20130305927A1	2013/2/14	US，KR	30	官能化石墨烯，用于气体分离膜
20	US20100178464A1	2009/10/8	US，KR	28	对石墨烯进行化学改性的方法

5.2.4.2 LG集团

LG 目前在全球共申请 408 件石墨烯相关专利，其中韩国发明专利授权 20 件、美国发明专利授权 24 件、中国发明专利授权 21 件。图 5-30 给出了上述专利申请人石墨烯专利的申请趋势。可以看出，LG 的石墨烯相关专利从 2009 年开始申请，之后的专利申请趋势一直较为稳定。从图 5-31 中可以看出，LG 在全球的专利布局主要包括韩国、中国、美国、欧洲等地。

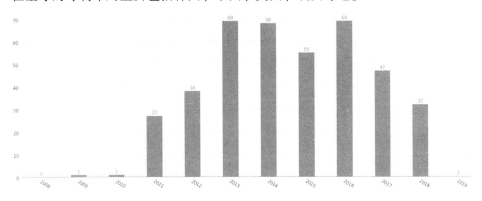

图 5-30　LG 石墨烯全球专利申请趋势（基于申请年）

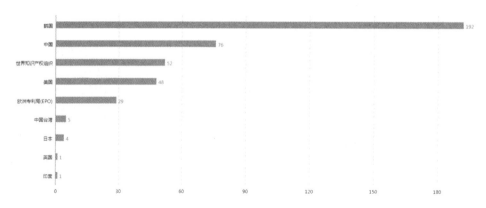

图 5-31　LG 石墨烯全球专利申请地域排名

　　LG 在石墨烯领域的专利申请涉及的技术分支主要包括碳纳米管纤维、多层石墨烯、有机电致发光器件、锂空气电池、照明光源。图 5-32 给出了上述申请人在石墨烯领域的专利申请技术分支分布，其具体申请情况如表 5-12 所示。此外，根据专利被引证次数，表 5-13 列出了 LG 在石墨烯领域的重点专利。

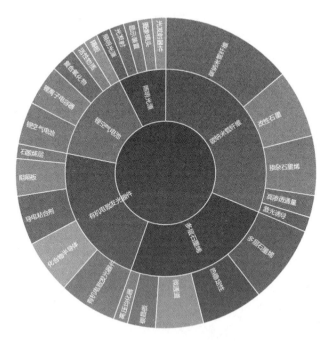

图 5-32　LG 石墨烯专利申请专利技术分支分布

表 5-12　LG 石墨烯领域的专利申请技术分支分布

技术分支	具体细分	专利申请量
碳纳米管纤维	碳纳米管纤维	36
	改性石墨烯	28
	掺杂石墨烯	25
	高渗透通量	18
	激光诱导	12
多层石墨烯	多层石墨烯	53
	热稳定性	16
	微通道	11
	碳晶板	10
	高压均化器	7
有机电致发光器件	有机电致发光器件	34
	化合物半导体	29
	导电粘合剂	17
	阻隔板	12
	石墨烯层	4
锂空气电池	锂空气电池	20
	锂离子电容器	10
	复合氧化物	8
	活性物质	8
	隔板	7
照明光源	照明光源	12
	光发射	7
	显示装置	6
	摄像镜头	4
	光发射器件	3

表 5-13   LG 重点专利

序号	公开（公告）号	申请日	同族国家	被引证次数	技术领域
1	KR1020120133279A	2011/5/31	KR	11	有机电致发光器件
2	KR1020130013689A	2011/7/28	KR	11	透明导电膜
3	US20130284665A1	2013/7/2	WO，CN，KR，EP，JP，US	8	反渗透分离膜，功能层包含石墨烯复合物
4	WO2015099378A1	2014/12/22	US，CN，JP，TW，WO，EP	7	石墨烯制备方法
5	WO2015099457A1	2014/12/24	WO，TW，CN，EP，JP，US	6	石墨烯制备方法
6	KR1020130110765A	2012/3/30	KR	5	掺杂石墨烯
7	US20170047584A1	2015/5/8	WO，US，CN	5	多孔硅－碳复合材料
8	KR1020130072885A	2011/12/22	KR	4	石墨烯量子点的制造方法
9	TW201303688A	2012/7/4	US，KR，CN，JP，TW，WO	4	电容式触控面板
10	US20150165385A1	2013/9/27	KR，US，CN，WO	4	用于去除污染物的分离膜

5.2.4.3   成均馆大学

　　成均馆大学目前在全球共申请 344 件石墨烯相关专利，其中韩国发明专利授权 89 件、美国发明专利授权 36 件、中国发明专利授权 3 件。图 5-33 给出了上述专利申请人石墨烯专利的申请趋势。可以看出，成均馆大学的石墨烯相关专利从 2007 年开始申请，2010—2015 年期间的专利申请趋势较为稳定，其中 2011 年的专利申请数量最多，近几年的专利申请数量又有所下降。从图 5-34 中可以看出，成均馆大学在全球的专利布局还是以韩国本土为主，其他地区的专利申请数量都较少。

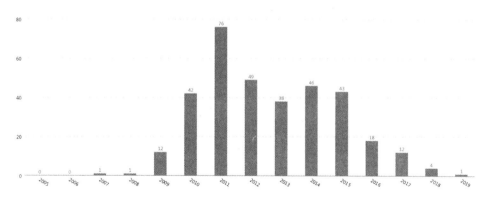

图 5-33　成均馆大学石墨烯全球专利申请趋势（基于申请年）

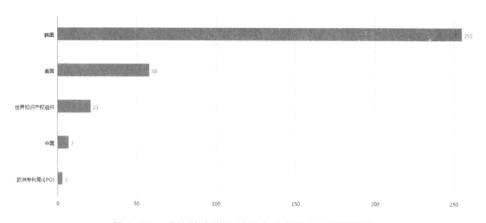

图 5-34　成均馆大学石墨烯全球专利申请地域排名

　　成均馆大学在石墨烯领域的专利申请涉及的技术分支主要包括表面等离激元、薄膜半导体、石墨烯复合、场效应晶体管、触摸传感器等技术。图5-35给出了上述申请人在石墨烯领域的专利申请技术分支分布，其具体申请情况如图5-36所示。此外，根据专利被引证次数，表5-14列出了成均馆大学在石墨烯领域的重点专利。

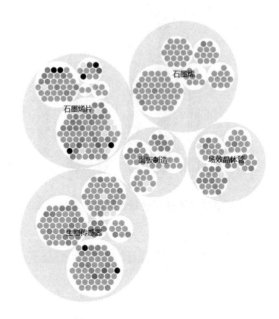

图 5-35　成均馆大学石墨烯专利申请专利技术分支分布

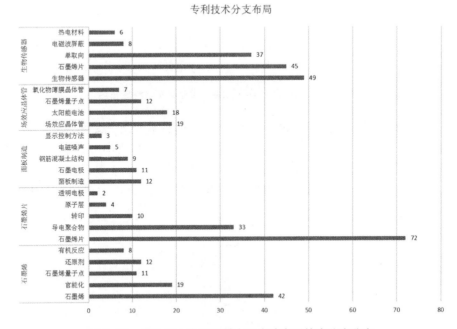

图 5-36　成均馆大学石墨烯专利申请专利技术分支分布

表 5-14　成均馆大学重点专利

序号	公开（公告）号	申请日	同族国家	被引证次数	技术领域
1	US20110070146A1	2010/9/21	US, JP, CN, KR	77	石墨烯的制造方法
2	US20110195207A1	2010/10/21	EP, US, JP, KR	44	石墨烯卷对卷涂覆设备
3	US20120258311A1	2012/4/16	WO, KR, CN, EP, US, JP	43	石墨烯卷对卷转移方法
4	US20110108521A1	2010/9/21	US, CN, JP, KR	35	大尺寸石墨烯的制造和转移
5	KR1020110084110A	2011/1/13	WO, KR, US	32	石墨烯保护膜
6	KR1020110031864A	2009/9/21	KR	30	石墨烯的制备方法
7	US20120128983A1	2011/11/17	US, KR	28	多层石墨烯
8	US20130022811A1	2012/6/25	US, KR	28	稳定石墨烯薄膜
9	US20130187097A1	2011/7/15	WO, KR, CN, JP, US	28	低温制备石墨烯方法
10	KR1020110006644A	2010/7/14	KR	26	石墨烯片的制备方法
11	US20140218867A1	2012/8/10	WO, KR, US	26	包括石墨烯的无源层，用于衰减近场电磁波和散热
12	US20130068521A1	2011/3/4	WO, KR, US	25	电磁屏蔽材料
13	CN104220964A	2011/12/23	WO, KR, CN, EP, US	22	使用石墨烯的触摸传感器
14	US20120319976A1	2011/2/1	WO, US	21	触控面板
15	US9075009B2	2010/10/21	KR, US	18	金属石墨烯层，用于表面等离子体共振传感器

序号	公开（公告）号	申请日	同族国家	被引证次数	技术领域
16	US20110171427A1	2011/1/11	US，KR	16	可变形石墨烯片材的制备方法
17	US20120128573A1	2011/11/17	US，KR	15	使用催化剂模板制备三维石墨烯结构
18	KR1020110079532A	2010/12/29	US，KR，WO	13	石墨烯膜的卷对卷掺杂方法
19	KR1020110090398A	2010/2/3	KR	13	图案化石墨烯的方法
20	US20130130011A1	2011/7/29	US，KR，WO	13	石墨烯的制备方法

5.2.4.4 韩国科学技术研究院

韩国科学技术研究院目前在全球共申请145件石墨烯相关专利，其中韩国发明专利授权50件、美国发明专利授权27件、中国发明专利授权2件。图5-37给出了上述专利申请人石墨烯专利的申请趋势。可以看出，韩国科学技术研究院的石墨烯相关专利从2008年开始申请，并且此后一直保持着较为稳定的申请趋势，直到2018年专利申请量又有所下降。从图5-38中可以看出，韩国科学技术研究院在全球的专利布局以韩国本土和美国为主。

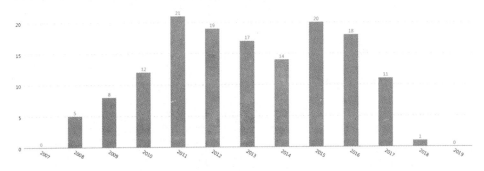

图5-37 韩国科学技术研究院石墨烯全球专利申请趋势（基于申请年）

图 5-38　韩国科学技术研究院石墨烯全球专利申请地域排名

　　韩国科学技术研究院在石墨烯领域的专利申请涉及的技术分支主要包括表面等离激元、薄膜半导体、石墨烯复合、场效应晶体管、触摸传感器等技术。图 5-39 给出了上述申请人在石墨烯领域的专利申请技术分支分布，其具体申请情况如表 5-15 所示。此外，根据专利被引证次数，表 5-16 列出了韩国科学技术研究院在石墨烯领域的重点专利。

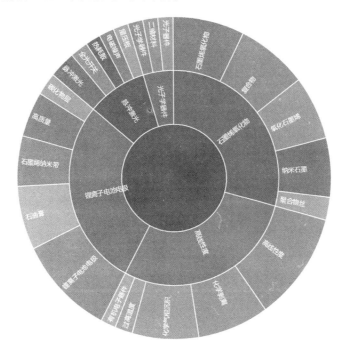

图 5-39　韩国科学技术研究院石墨烯专利申请专利技术分支分布

表 5-15 韩国科学技术研究院石墨烯领域的专利申请技术分支分布

技术分支	具体细分	专利申请量
石墨烯氧化物	石墨烯氧化物	13
	复合物	11
	氧化石墨烯	10
	纳米石墨烯	10
	聚合物丝	3
锂离子电池电极	锂离子电池电极	13
	石油膏	9
	高质量	9
	石墨烯纳米带	7
	碳化物层	4
高线性度	高线性度	18
	化学气相沉积	13
	化学剥离	11
	过高温度	2
	有机电子器件	1
脉冲激光	脉冲激光	5
	全光开关	3
	电磁噪声	3
	热耗散	1
	层压板	1
光子学器件	光子学器件	2
	二维材料	1

表 5-16　韩国科学技术研究院重点专利

序号	公开（公告）号	申请日	同族国家	被引证次数	技术领域
1	US20120168383A1	2011/9/13	KR，US	17	石墨烯–氧化铁复合物的制备方法
2	US20130049530A1	2010/8/24	WO，KR，US	13	碳基导电填料，用于制动器
3	US7776445B2	2008/8/14	US，KR	13	石墨烯杂化材料
4	US20120302683A1	2012/3/2	KR，US	11	还原型氧化石墨烯
5	US20140284718A1	2014/3/4	US，KR	10	包括还原氧化石墨烯的电子器件和薄膜晶体管
6	US20130040124A1	2011/4/5	WO，KR，US	9	使用石墨烯的透明抗静电膜
7	US8139617B2	2010/4/15	KR，US	8	包含石墨烯的锁模器
8	US20140018480A1	2013/7/11	US，KR	7	石墨烯碳纤维组合物
9	US8691179B2	2011/9/21	US，KR	6	石墨烯片制备方法
10	US20140264269A1	2012/10/5	KR，WO，US	5	金属氧化物半导体–石墨烯核–壳量子点的制备方法

第六章 江苏省石墨烯技术专利态势分析

6.1 江苏省石墨烯专利申请态势

在检索到的 46 339 件石墨烯中国专利中，来自江苏省的石墨烯专利申请有 8349 件。图 6-1 反映了江苏省石墨烯技术的专利申请态势分布，柱状图示出了石墨烯中国专利申请量的变化情况。

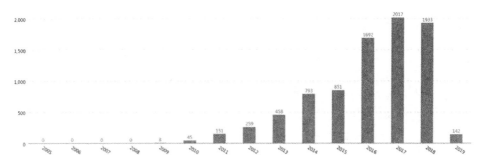

图 6-1 江苏省石墨烯专利申请年代分布趋势（基于申请年）

图 6-2 给出了江苏省石墨烯专利申请类型分布图。从图中可以看出，江苏省的石墨烯专利申请中，发明占据了主要地位。

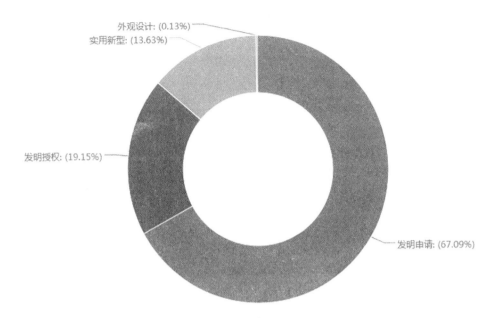

外观设计: (0.13%)

实用新型: (13.63%)

发明授权: (19.15%)

发明申请: (67.09%)

图 6-2 江苏省石墨烯专利申请类型分布

6.2 江苏省石墨烯专利申请法律状态分析

图 6-3 给出了江苏省石墨烯专利申请的法律状态分布，可以看出，未决专利申请占到了 41.36%，授权专利已占到 30.75%，撤回专利占 12.7%，驳回专利占 7.02%。

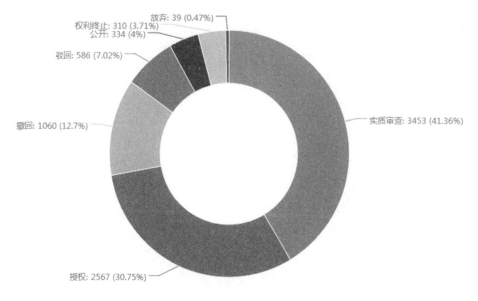

图6-3　江苏省石墨烯专利申请法律状态分布

6.3　江苏省石墨烯专利重要申请人分析

图6-4给出了石墨烯江苏专利申请数量排在前50位的申请人，其中企业申请占比最高，共有24个申请人。此外，还包括22家大专院校、2家研究所以及2位个人申请。

专利数量

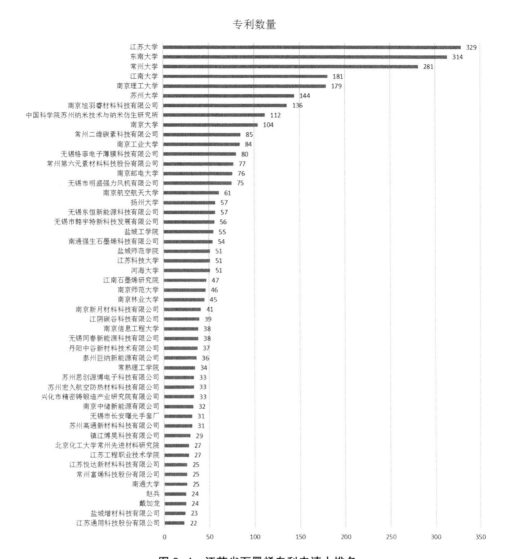

图6-4　江苏省石墨烯专利申请人排名

图6-5、表6-1给出了申请量排名前15的江苏省石墨烯专利申请人的主要技术构成情况。

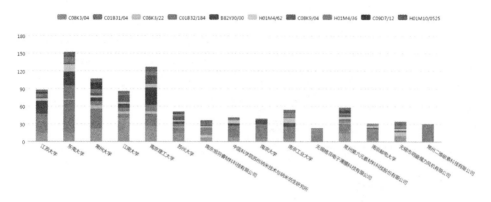

图6-5 江苏省石墨烯专利主要申请人技术构成

表6-1（1） 江苏省石墨烯专利主要申请人技术构成

分类号和技术主题词		江苏大学	东南大学	常州大学	江南大学	南京理工大学	苏州大学	南京旭羽睿材料科技有限公司	中国科学院苏州纳米技术与纳米仿生研究所
C08K3/04	碳	14	14	22	40	26	14	7	7
C01B31/04	石墨烯，制备，后处理，氧化石墨烯	22	57	34	7	21	10	0	16
C08K3/22	氧化物，金属的	0	1	5	4	4	1	4	0
C01B32/184	石墨烯的制备	11	23	7	6	11	5	13	4
B82Y30/00	用于材料和表面科学的纳米技术，例如：纳米复合材料	22	24	7	7	30	4	0	4
H01M4/62	电极，在活性物质中非活性材料成分的选择，例如胶合剂、填料	4	12	3	3	6	2	2	5

续表

分类号和技术主题词		江苏大学	东南大学	常州大学	江南大学	南京理工大学	苏州大学	南京旭羽睿材料科技有限公司	中国科学院苏州纳米技术与纳米仿生研究所
C08K9/04	用有机物质处理的配料	3	3	4	12	15	7	3	0
H01M4/36	电极，作为活性物质、活性体、活性液体的材料的选择	5	10	7	3	6	4	1	3
C09D7/12	涂料添加剂	3	2	12	1	0	2	0	1
H01M10/0525	锂离子电池	4	6	6	3	8	2	6	1

表6-1（2）　江苏省石墨烯专利主要申请人技术构成

分类号和技术主题词		南京大学	南京工业大学	无锡格菲电子薄膜科技有限公司	常州第六元素材料科技股份有限公司	南京邮电大学	无锡市明盛强力风机有限公司	常州二维碳素科技有限公司
C08K3/04	碳	4	5	0	14	3	10	0
C01B31/04	石墨烯，制备，后处理，氧化石墨烯	23	15	19	17	15	0	29
C08K3/22	氧化物，金属的	0	0	0	1	0	6	0
C01B32/184	石墨烯的制备	2	5	3	4	4	1	0
B82Y30/00	用于材料和表面科学的纳米技术，例如：纳米复合材料	8	7	1	2	2	2	0

续表

分类号和技术主题词		南京大学	南京工业大学	无锡格菲电子薄膜科技有限公司	常州第六元素材料科技股份有限公司	南京邮电大学	无锡市明盛强力风机有限公司	常州二维碳素科技有限公司
H01M4/62	电极，在活性物质中非活性材料成分的选择，例如胶合剂、填料	0	8	0	4	3	3	0
C08K9/04	用有机物质处理的配料	1	2	0	4	1	2	0
H01M4/36	电极，作为活性物质、活性体、活性液体的材料的选择	1	7	0	2	2	4	0
C09D7/12	涂料添加剂	0	1	0	5	0	1	1
H01M10/0525	锂离子电池	0	4	0	5	1	5	0

6.4 江苏省石墨烯专利各类型申请人及申请数量对比分析

图6-6给出了江苏省石墨烯专利的申请人类型构成，可以看出，企业的专利申请数量占比最大，达到了58.6%，其次是大专院校29.46%、个人7.44%、科研单位4.09%、机关团体0.32%以及其他0.11%。

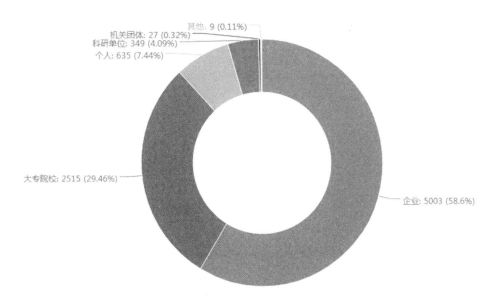

图6-6　江苏省石墨烯专利各类型申请人构成

图6-7、图6-8、图6-9分别给出了江苏省石墨烯专利企业申请人（申请量前20）、大专院校申请人（申请量前20）以及科研单位申请人（申请量前6）的具体申请情况。

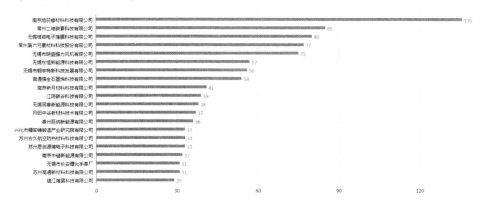

图6-7　江苏省石墨烯专利企业申请人排名

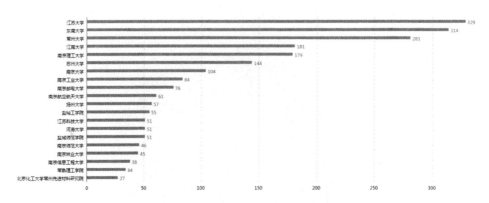

图 6-8 江苏省石墨烯专利大专院校申请人排名

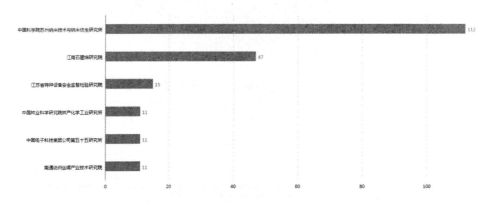

图 6-9 江苏省石墨烯专利科研单位申请人排名

6.5 石墨烯专利江苏省重点申请人分析

6.5.1 常州第六元素材料科技股份有限公司

常州第六元素材料科技股份有限公司目前共申请 87 件石墨烯技术相关专利，其中发明专利授权 39 件、实用新型专利 2 件。图 6-10 给出了上述专利申请人石墨烯专利的申请趋势。可以看出，该公司的石墨烯专利申请从 2011 年开始，2017 年的专利申请数量最多。

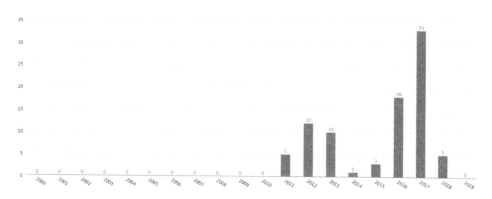

图 6-10　常州第六元素材料科技股份有限公司石墨烯专利申请趋势（基于申请年）

常州第六元素材料科技股份有限公司在石墨烯领域的专利申请涉及的技术分支主要包括石墨烯导热膜、uhmwpe、复合改性、石墨烯基、浆料稳定性等技术。图 6-11 给出了常州第六元素材料科技股份有限公司在石墨烯领域的专利申请技术分支分布，其具体申请情况如图 6-12 所示。

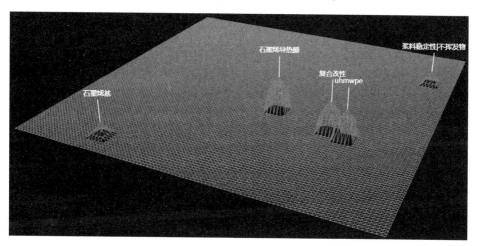

图 6-11　常州第六元素材料科技股份有限公司石墨烯专利申请专利技术分支分布

专利技术分支布局

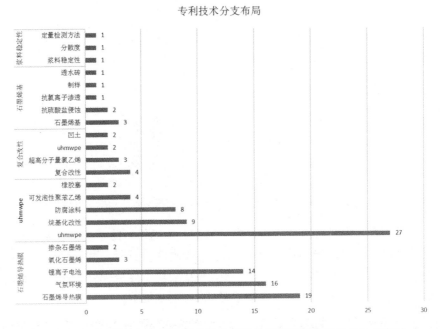

图 6-12　常州第六元素材料科技股份有限公司石墨烯专利技术分支布局

6.5.2　无锡格菲电子薄膜科技有限公司

无锡格菲电子薄膜科技有限公司目前共申请 86 件石墨烯技术相关专利，其中发明专利授权 37 件、实用新型专利 12 件。图 6-13 给出了上述专利申请人石墨烯专利的申请趋势。可以看出，该公司的石墨烯专利申请从 2011 年开始，2016 年的专利申请数量最多，此后专利申请量又有所下降。

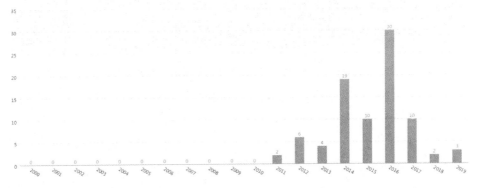

图 6-13　无锡格菲电子薄膜科技有限公司石墨烯专利申请趋势（基于申请年）

　　无锡格菲电子薄膜科技有限公司在石墨烯领域的专利申请涉及的技术分支主要包括石墨烯导电薄膜、低温化学气相沉积、透明导电电极、有机发光晶体管、连续生产等技术。图6-14给出了上述申请人在石墨烯领域的专利申请技术分支分布，其具体申请情况如表6-2所示。

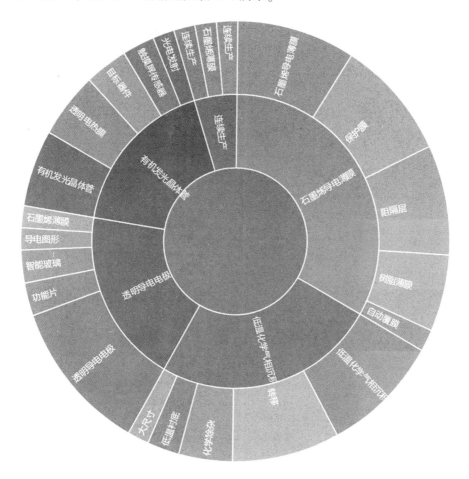

图6-14　无锡格菲电子薄膜科技有限公司石墨烯专利申请专利技术分支分布

表 6-2　无锡格菲电子薄膜科技有限公司石墨烯领域的专利申请技术分支分布

技术分支	具体细分	专利申请量
石墨烯导电薄膜	石墨烯导电薄膜	11
	保护膜	11
	阻隔层	10
	树脂薄膜	7
	自动覆膜	1
低温化学气相沉积	低温化学气相沉积	11
	转移	10
	化学除杂	5
	低温衬底	3
	大尺寸	2
透明导电电极	透明导电电极	14
	功能片	3
	智能玻璃	3
	导电图形	2
	石墨烯薄膜	1
有机发光晶体管	有机发光晶体管	7
	透明电热膜	6
	目标器件	4
	触摸屏传感器	3
	光电发射	2
连续生产	连续生产	2
	石墨烯薄膜	1

6.5.3　江南石墨烯研究院

江南石墨烯研究院目前共申请 47 件石墨烯技术相关专利，其中发明专利授权 15 件、实用新型专利 4 件。图 6-15 给出了上述专利申请人石墨烯专利的申请趋势。可以看出，该公司的石墨烯专利申请从 2012 年开始，2014—2016 年的专利申请数量较多，此后专利申请量又有所下降。

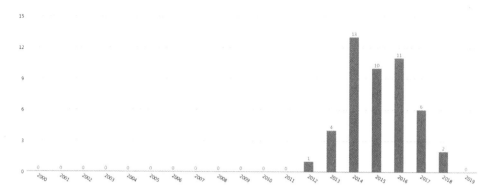

图6-15 江南石墨烯研究院石墨烯专利申请趋势（基于申请年）

　　江南石墨烯研究院在石墨烯领域的专利申请涉及的技术分支主要包括纳米球、银纳米粒子、自组装、生物传感器、石墨烯电极等技术。图6-16给出了上述申请人在石墨烯领域的专利申请技术分支分布，其具体申请情况如图6-17所示。

图6-16 江南石墨烯研究院石墨烯专利申请专利技术分支分布

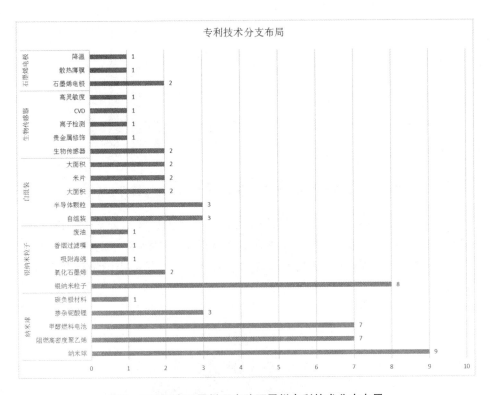

图 6-17　江南石墨烯研究院石墨烯专利技术分支布局

6.5.4　常州二维碳素科技股份有限公司

常州二维碳素科技股份有限公司目前共申请 93 件石墨烯技术相关专利，其中发明专利授权 23 件、实用新型专利 46 件。图 6-18 给出了上述专利申请人石墨烯专利的申请趋势。可以看出，该公司的石墨烯专利申请从 2011 年开始，2013—2015 年的专利申请数量较多，此后专利申请量又有所下降。

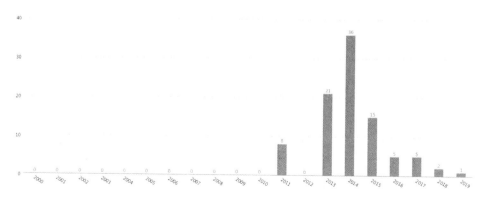

图6-18　常州二维碳素科技股份有限公司石墨烯专利申请趋势（基于申请年）

常州二维碳素科技股份有限公司在石墨烯领域的专利申请涉及的技术分支主要包括气体阻隔层、远红外发生器、石墨烯电极、透明导电玻璃等技术。图6-19给出了上述申请人在石墨烯领域的专利申请技术分支分布，其具体申请情况如图6-20所示。

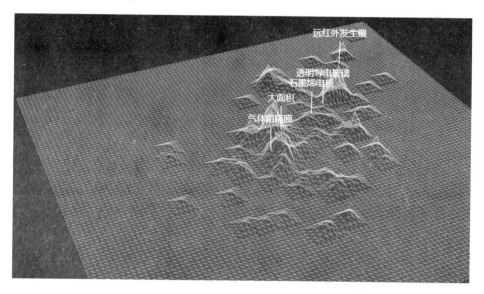

图6-19　常州二维碳素科技股份有限公司石墨烯专利申请专利技术分支分布

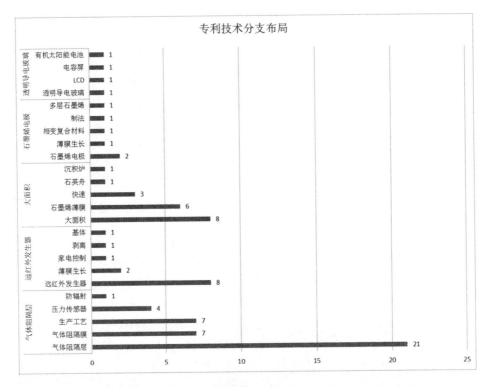

图6-20　常州二维碳素科技股份有限公司石墨烯专利技术分支布局

6.5.5　无锡东恒新能源科技有限公司

　　无锡东恒新能源科技有限公司目前共申请57件石墨烯技术相关专利，其中发明专利授权8件、实用新型专利26件。图6-21给出了上述专利申请人石墨烯专利的申请趋势。可以看出，该公司只在2015—2016年申请了石墨烯相关专利。

　　无锡东恒新能源科技有限公司在石墨烯领域的专利申请涉及的技术分支主要包括超声场、转型、分散系统、连续化、生长等技术。图6-22给出了上述申请人在石墨烯领域的专利申请技术分支分布，其具体申请情况如表6-3所示。

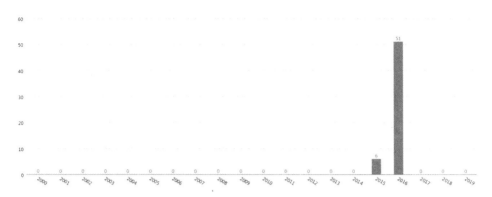

图 6-21　无锡东恒新能源科技有限公司石墨烯专利申请趋势（基于申请年）

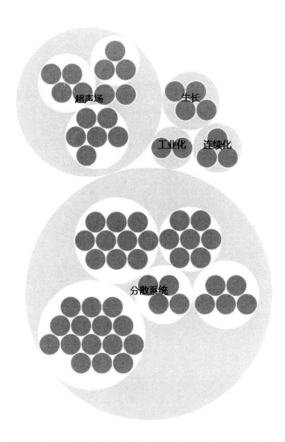

图 6-22　无锡东恒新能源科技有限公司石墨烯专利申请专利技术分支分布

表6-3 无锡东恒新能源科技有限公司石墨烯领域的专利申请技术分支分布

技术分支	具体细分	专利申请量
超声场	超声场	6
	碳纳米管	6
	浆料研磨	5
	强力	4
	配置系统	3
转型	旋转式	9
	转型	6
	角度	5
分散系统	分散系统	10
	预混系统	4
	实时流量	2
	高粘度	1
连续化	氧化石墨烯	2
	连续化	1
	化学法	1
	粉体	1
生长	生长	2
	晶界	1
	观察	1

第七章　石墨烯技术在应用领域的专利分析

7.1　储能

石墨烯在储能领域重点技术的专利申请量为6483件，图7-1为储能领域的全球石墨烯专利申请趋势。在本领域的专利申请中，中国发明授权专利为1548件、实用新型专利为203件；美国发明授权专利为244件，韩国发明授权专利为205件，日本发明授权专利为50件。图7-2为储能领域的石墨烯全球专利申请地域分布。

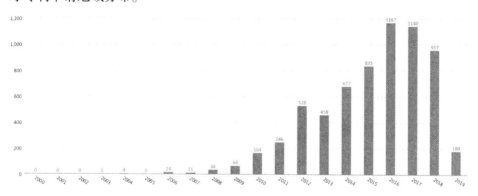

图7-1　储能领域全球石墨烯专利申请年代分布趋势（基于申请年）

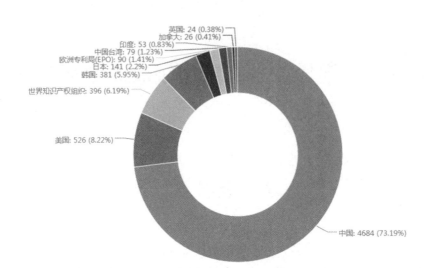

图 7-2　储能领域全球石墨烯专利申请地域分布

图 7-3 为石墨烯在储能领域的全球主要申请人排名，其中只有 2 名为企业申请，其余均为高校申请。

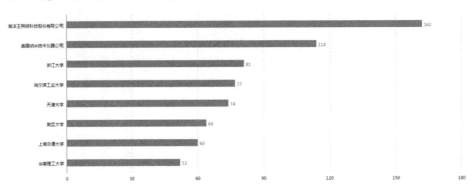

图 7-3　储能领域全球石墨烯专利主要申请人排名

图 7-4 为石墨烯在储能领域的申请人类型构成（中国），图 7-5 为中国的企业申请人排名，其中企业申请人申请量最多的为海洋王照明公司，申请量为162 件。

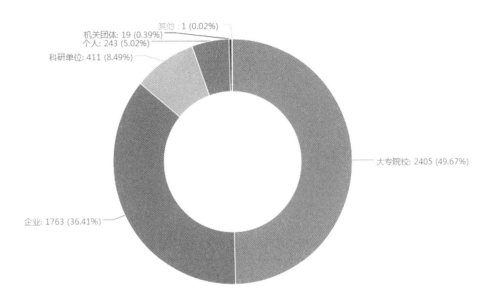

图 7-4 储能领域石墨烯专利申请人类型构成（中国）

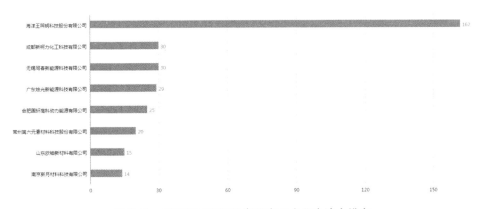

图 7-5 储能领域石墨烯专利中国企业申请人排名

　　石墨烯在储能领域的专利主要涉及在超级电容领域、锂离子电池领域、储氢领域和燃料电池领域的应用，其中涉及超级电容器以及锂离子电池的专利技术申请量较大。图 7-6 为石墨烯在储能领域的重点专利技术分布。

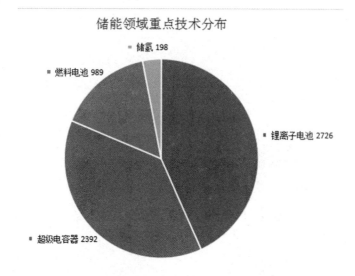

图 7-6 储能领域石墨烯专利重点技术分支分布

7.1.1 锂离子电池领域

石墨烯在锂离子电池技术领域的专利申请量为 2726 件，其中中国发明授权专利为 659 件、实用新型专利为 59 件；美国发明授权专利为 81 件，韩国发明授权专利为 30 件，日本发明授权专利为 23 件。图 7-7 给出了石墨烯在锂离子电池技术领域的全球专利申请趋势，图 7-8 给出了该领域全球专利申请人的排名情况，图 7-9 为该领域国内的企业申请人排名。

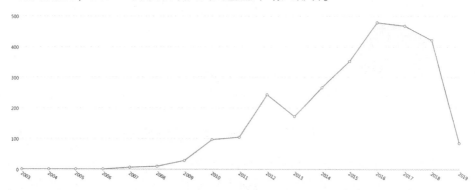

图 7-7 锂离子电池领域全球石墨烯专利申请趋势

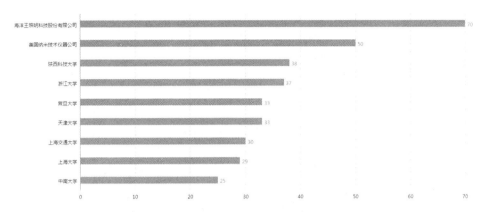

图 7-8　锂离子电池领域全球石墨烯专利申请人排名

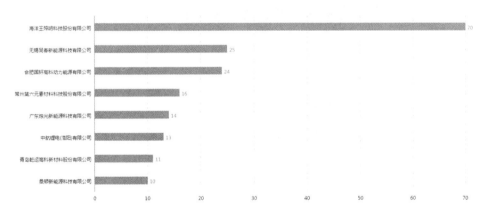

图 7-9　锂离子电池领域石墨烯专利中国企业申请人排名

通过进一步对锂离子电池领域的专利数据分析，可以发现该领域的专利申请主要集中于以下方面的应用，具体技术布局如图 7-10 所示。

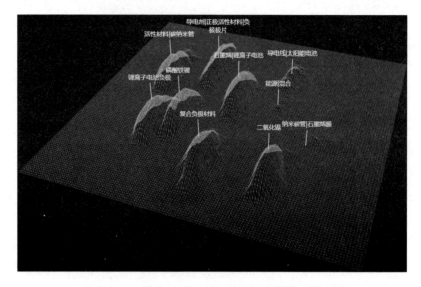

图 7-10　锂离子电池领域石墨烯专利技术分支布局

7.1.2　超级电容器领域

石墨烯材料在超级电容器领域的专利申请量为 2392 件，其中中国发明授权专利为 675 件、实用新型专利为 72 件；美国发明授权专利为 107 件，韩国发明授权专利为 92 件，日本发明授权专利为 14 件。图 7-11 给出了石墨烯材料在超级电容器领域的专利申请人排名情况，图 7-12 为该领域国内的企业申请人排名，图 7-13 为该领域国内的企业申请人排名。

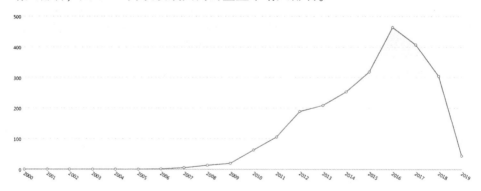

图 7-11　超级电容器领域全球石墨烯专利申请趋势

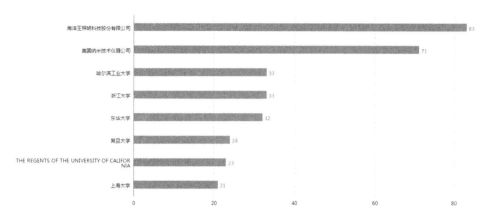

图 7-12　超级电容器领域全球石墨烯专利申请人排名

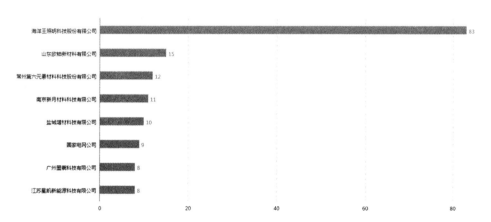

图 7-13　超级电容器领域石墨烯专利中国企业申请人排名

通过对超级电容器领域的专利数据的进一步分析，图 7-14 展示了该领域专利申请的主要具体技术布局。

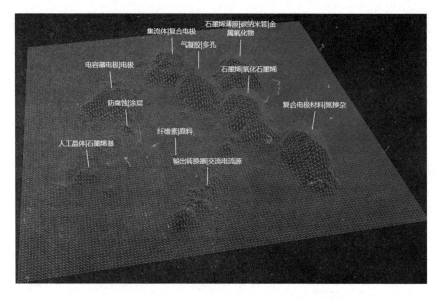

图 7-14　超级电容器领域石墨烯专利技术分支布局

7.1.3　燃料电池领域

石墨烯在燃料电池领域的专利申请量为 989 件，其中中国发明授权专利为 237 件、实用新型专利为 9 件；美国发明授权专利为 43 件，韩国发明授权专利为 62 件，日本发明授权专利为 6 件。图 7-15 给出了石墨烯在燃料电池领域的全球专利申请趋势，图 7-16 是该领域全球专利申请人排名情况。该领域主要申请人以研究机构和高校居多，涉及的企业申请人非常少。

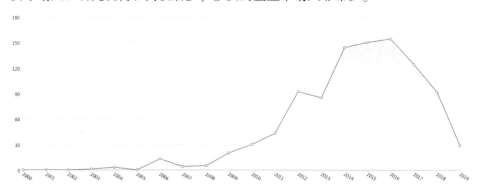

图 7-15　燃料电池领域全球石墨烯专利申请趋势

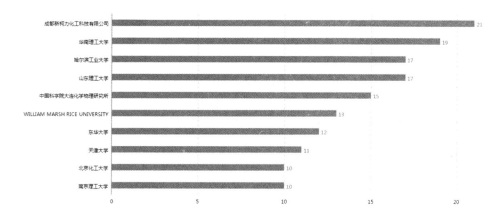

图 7-16　燃料电池领域全球石墨烯专利申请人排名

通过进一步分析燃料电池领域的专利数据，可以发现该领域的专利申请主要集中于以下方面的应用，具体技术布局如图 7-17 所示。

图 7-17　燃料电池领域石墨烯专利技术分支布局

7.1.4 储氢领域

石墨烯在储氢领域的专利申请量为 198 件，全部为发明专利申请，其中中国发明授权专利为 38 件、美国发明授权专利为 8 件、韩国发明授权专利为 11 件、日本发明授权专利为 2 件。图 7-18 给出了石墨烯在储氢领域的全球专利申请趋势，图 7-19 是该领域全球专利申请人排名情况。

图 7-18 储氢领域全球石墨烯专利申请趋势

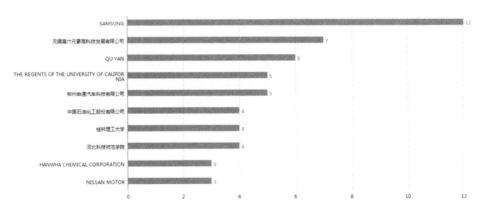

图 7-19 储氢领域全球石墨烯专利申请人排名

通过进一步分析储氢领域的专利数据，可以发现该领域的专利申请主要集中于以下方面的应用，具体技术布局如图 7-20 所示。

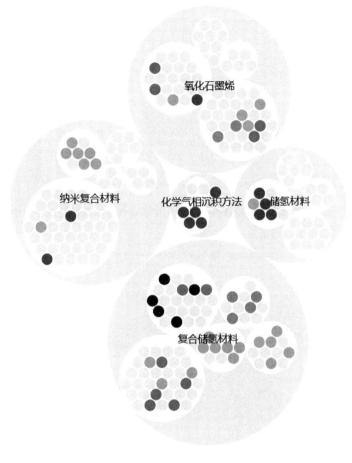

图 7-20　储氢领域石墨烯专利技术分支布局

7.2　大健康

石墨烯材料在大健康领域重点技术的专利申请量为 3686 件，主要涉及生物医药、抗菌、健康等领域。图 7-21 为大健康领域的石墨烯全球专利申请趋势。在本领域的专利申请中，中国发明授权专利为 524 件、实用新型专利为 448 件；美国发明授权专利为 52 件，韩国发明授权专利为 83 件。图 7-22 为大健康领域的石墨烯全球专利申请地域分布，图 7-23 为石墨烯材料在大健康领域的重点技术分布。

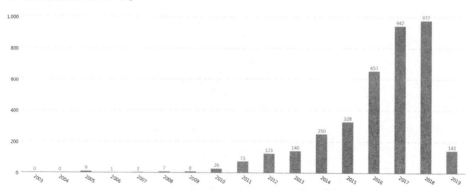

图 7-21　大健康领域全球石墨烯专利申请年代分布趋势（基于申请年）

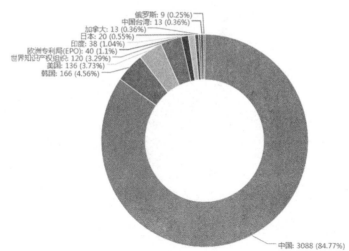

图 7-22　大健康领域全球石墨烯专利申请地域分布

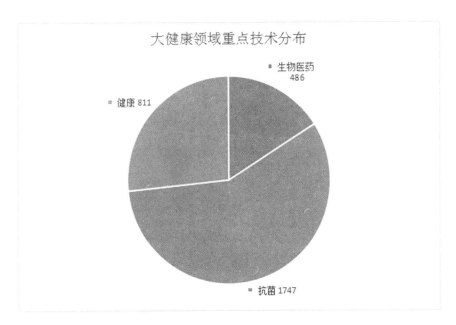

图 7-23 大健康领域石墨烯专利重点技术分支分布

图 7-24 为石墨烯材料在大健康领域的全球主要申请人排名，主要以高校申请为主。

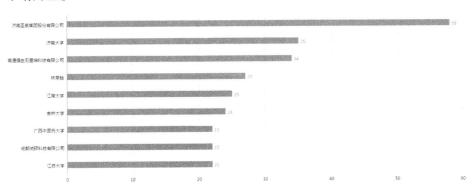

图 7-24 大健康领域全球石墨烯专利主要申请人排名

图 7-25 为石墨烯材料在大健康领域的申请人类型构成（中国），图 7-26 为中国的企业申请人排名，其中企业申请人申请量最多的济南圣泉集团股份有限公司，申请量为 58 件。

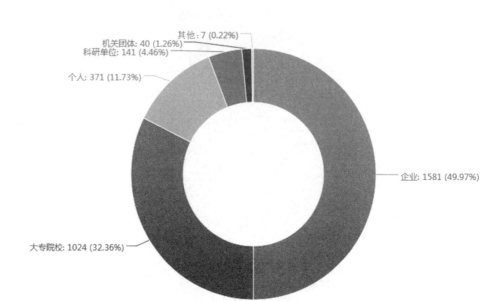

图 7-25　大健康领域石墨烯专利申请人类型构成（中国）

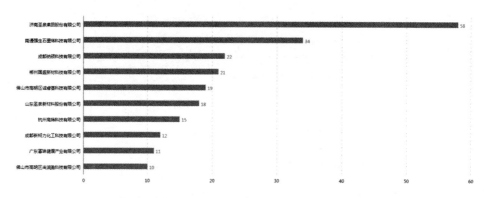

图 7-26　大健康领域石墨烯专利中国企业申请人排名

7.2.1　生物医药领域

石墨烯材料在生物医药领域的专利申请量为 486 件，其中中国发明授权专利为 141 件、实用新型专利为 8 件；美国发明授权专利为 11 件，韩国发明授权专利5件。图7-27给出了石墨烯材料在生物医药领域的全球专利申请趋势，图7-28给出了该领域全球专利申请人的排名情况。

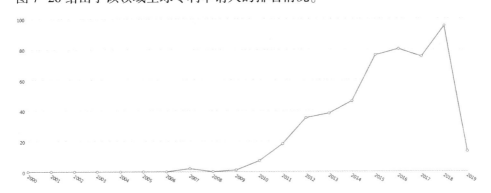

图7-27　生物医药领域全球石墨烯专利申请趋势

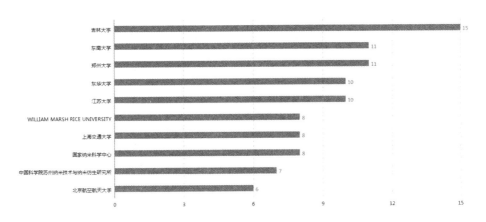

图7-28　生物医药领域全球石墨烯专利申请人排名

通过对生物医药领域的专利数据作进一步的分析，可以发现该领域的专利申请主要集中于以下方面的应用，具体技术布局如图7-29所示。

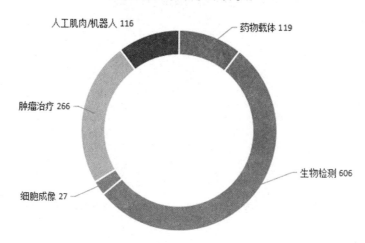

图 7-29　生物医药领域石墨烯专利技术分支布局

7.2.2　抗菌领域

石墨烯材料在抗菌领域的专利申请量为 1747 件，其中中国发明授权专利为 187 件、实用新型专利为 199 件；美国发明授权专利为 11 件，韩国发明授权专利 20 件。图 7-30 给出了石墨烯材料在抗菌领域的全球专利申请趋势，图 7-31 给出了该领域全球专利申请人的排名情况。

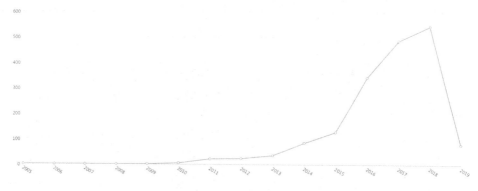

图 7-30　抗菌领域全球石墨烯专利申请趋势

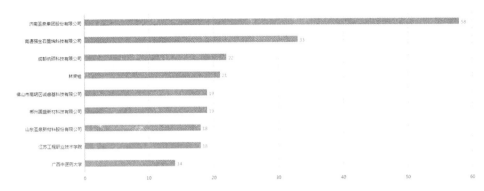

图7-31　抗菌领域全球石墨烯专利申请人排名

通过对抗菌领域的专利数据作进一步的分析，可以发现该领域的专利申请主要集中于以下方面的应用，具体技术布局如图7-32所示。

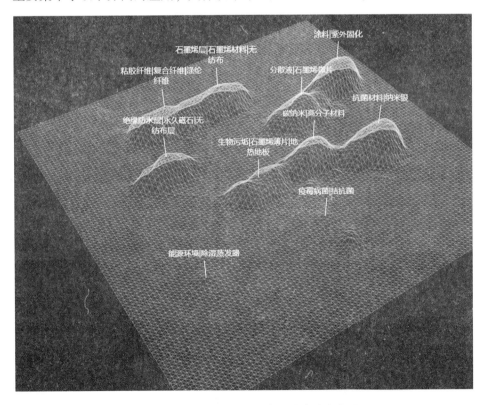

图7-32　抗菌领域石墨烯专利技术分支布局

7.2.3　健康领域

石墨烯材料在健康领域的专利申请量为 811 件，其中中国发明授权专利为 55 件、实用新型专利为 260 件；韩国发明授权专利为 11 件。图 7-33 给出了石墨烯材料在健康领域的全球专利申请趋势，图 7-34 给出了该领域全球专利申请人的排名情况。

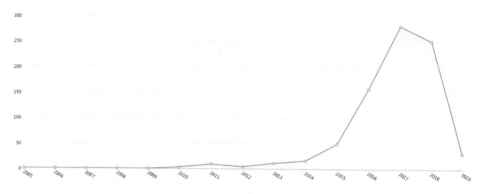

图 7-33　健康领域全球石墨烯专利申请趋势

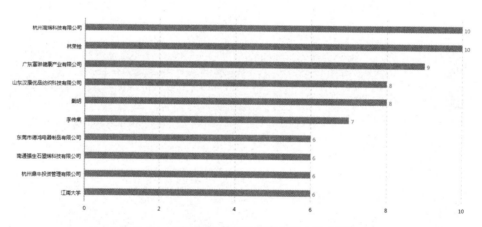

图 7-34　健康领域全球石墨烯专利申请人排名

通过对健康领域专利数据的进一步分析，图 7-35 展示了该领域的专利申请的具体技术布局。

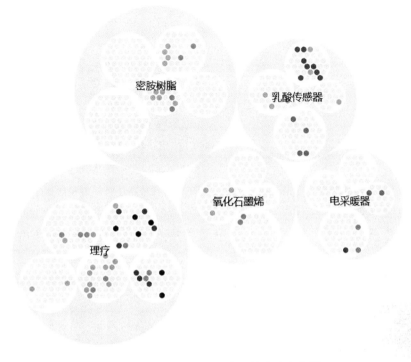

密胺树脂

乳酸传感器

理疗

氧化石墨烯

电采暖器

图 7-35　健康领域石墨烯专利技术分支布局

7.3　器件领域

石墨烯材料在器件领域重点技术的专利申请量为 8485 件，主要涉及晶体管、探测器、激光器、调制器等电子器件，气体传感器，触摸屏，电子封装，印刷电路以及透明电极等领域。图 7-36 为器件领域的石墨烯全球专利申请趋势。在本领域的专利申请中，中国发明授权专利为 1248 件、实用新型专利为 623 件；美国发明授权专利为 850 件，韩国发明授权专利为 545 件，日本发明授权专利 132 件。图 7-37 为器件领域的石墨烯全球专利申请地域分布，图 7-38 为石墨烯材料在器件领域的重点技术分布。

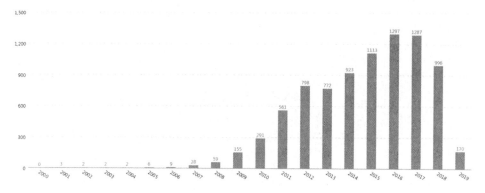

图 7-36　器件领域全球石墨烯专利申请年代分布趋势（基于申请年）

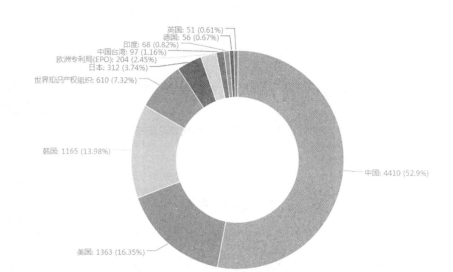

图 7-37　器件领域全球石墨烯专利申请地域分布

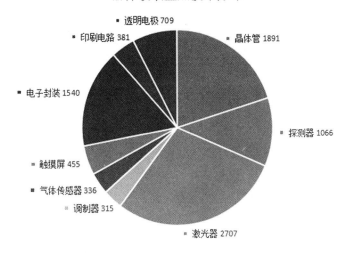

图 7-38　器件领域石墨烯专利重点技术分支分布

图 7-39 为石墨烯材料在器件领域的全球主要申请人排名，其中三星集团的专利申请量最多。

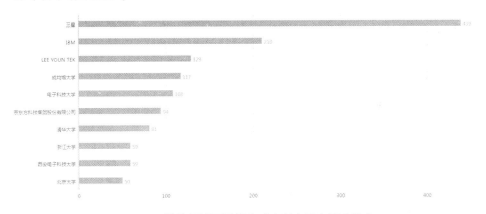

图 7-39　器件领域石墨烯全球专利主要申请人排名

图 7-40 为石墨烯材料在器件领域的申请人类型构成（中国），图 7-41 为中国的企业申请人排名，其中中国企业申请人申请量最多的为京东方科技集团股份有限公司，申请量为 94 件。

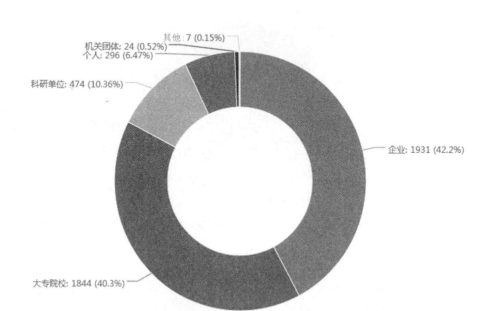

图 7-40   器件领域石墨烯专利申请人类型构成（中国）

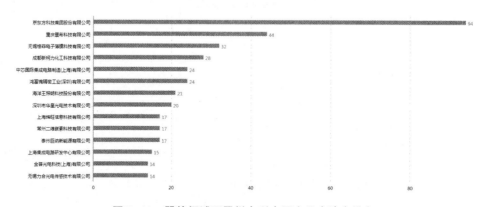

图 7-41   器件领域石墨烯专利中国企业申请人排名

7.3.1 晶体管领域

石墨烯材料在晶体管领域的专利申请量为 1891 件，其中中国发明授权专利为 217 件、实用新型专利为 40 件；美国发明授权专利为 348 件，韩国发明授权专利 143 件，日本发明授权专利 49 件。图 7-42 给出了石墨烯材料在晶体管领域的全球专利申请趋势，图 7-43 给出了该领域全球专利申请人的排名情况。

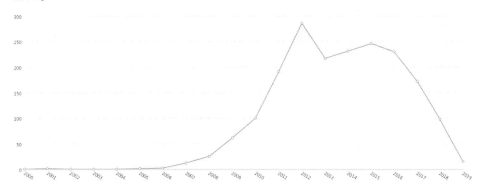

图 7-42　晶体管领域全球石墨烯专利申请趋势

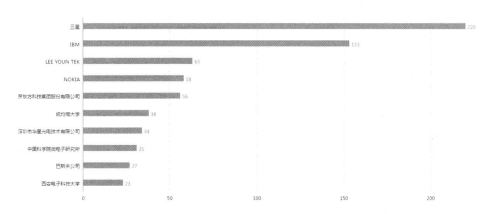

图 7-43　晶体管领域全球石墨烯专利申请人排名

通过对晶体管领域的专利数据作进一步的分析，可以发现该领域的专利申请主要集中于以下方面的应用，具体技术布局如图 7-44 所示。

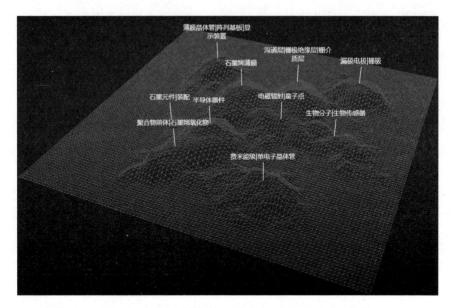

图 7-44　晶体管领域石墨烯专利技术分支布局

7.3.2　探测器领域

石墨烯材料在探测器领域的专利申请量为 1066 件，其中中国发明授权专利为 180 件、实用新型专利为 133 件；美国发明授权专利为 104 件，韩国发明授权专利 36 件，日本发明授权专利 15 件。图 7-45 给出了石墨烯材料在探测器领域的全球专利申请趋势，图 7-46 给出了该领域全球专利申请人的排名情况。

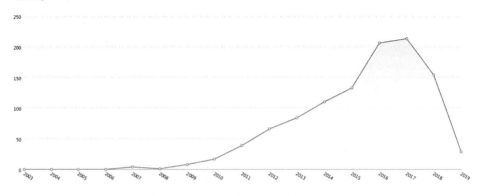

图 7-45　探测器领域全球石墨烯专利申请趋势

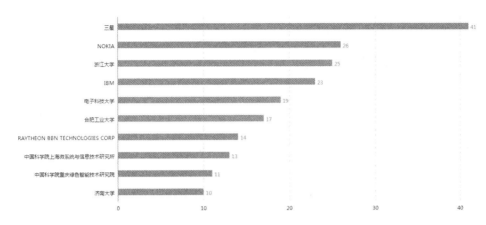

图 7-46　探测器领域全球石墨烯专利申请人排名

通过对探测器领域的专利数据作进一步的分析，可以发现该领域的专利申请主要集中于以下方面的应用，具体技术布局如图 7-47 所示。

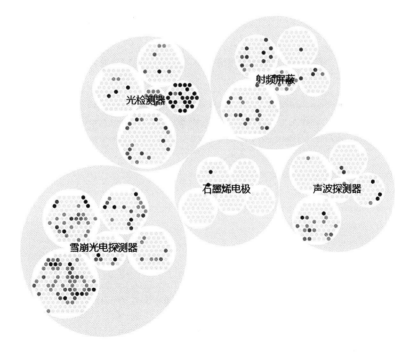

图 7-47　探测器领域石墨烯专利技术分支布局

7.3.3 激光器领域

石墨烯材料在激光器领域的专利申请量为 2707 件，其中中国发明授权专利为 356 件、实用新型专利为 98 件；美国发明授权专利为 148 件，韩国发明授权专利 100 件，日本发明授权专利 35 件。图 7-48 给出了石墨烯材料在激光器领域的全球专利申请趋势，图 7-49 给出了该领域全球专利申请人的排名情况。

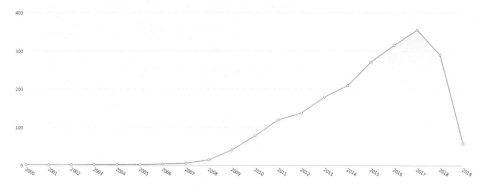

图 7-48　激光器领域全球石墨烯专利申请趋势

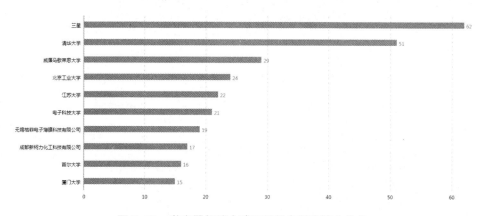

图 7-49　激光器领域全球石墨烯专利申请人排名

通过对激光器领域专利数据的进一步分析，可以发现该领域的专利申请主要集中于以下方面的应用，具体技术布局如图 7-50 所示。

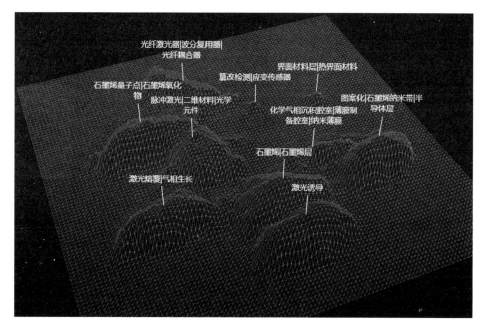

图 7-50　激光器领域石墨烯专利技术分支布局

7.3.4　调制器领域

石墨烯材料在调制器领域的专利申请量为 315 件，其中中国发明授权专利为 57 件、实用新型专利为 22 件；美国发明授权专利为 17 件，韩国发明授权专利 4 件，日本发明授权专利 4 件。图 7-51 给出了石墨烯材料在调制器领域的全球专利申请趋势，图 7-52 给出了该领域全球专利申请人的排名情况。

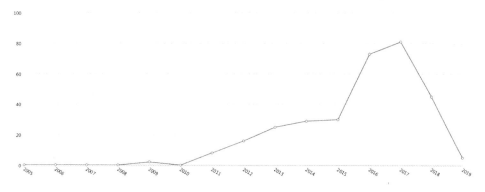

图 7-51　调制器领域全球石墨烯专利申请趋势

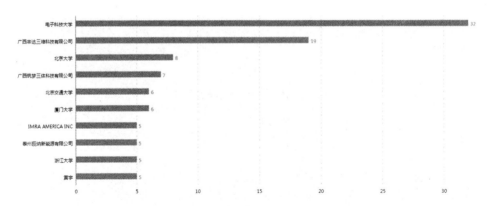

图 7-52　调制器领域全球石墨烯专利申请人排名

通过对调制器领域专利数据的进一步分析，图 7-53 展示了该领域的专利申请的具体技术布局。

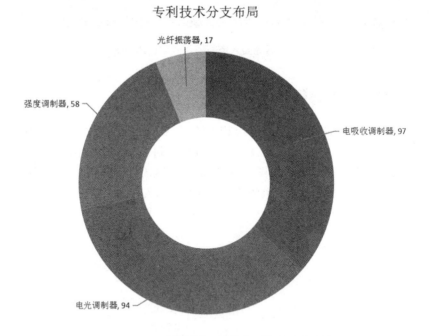

图 7-53　调制器领域石墨烯专利技术分支布局

7.3.5　电子封装领域

石墨烯材料在电子封装领域的专利申请量为 1540 件，其中中国发明授权专利为 206 件、实用新型专利为 173 件；美国发明授权专利为 82 件，韩国发明授权专利 69 件，日本发明授权专利 8 件。图 7-54 给出了石墨烯材料在电子封装领域的全球专利申请趋势，图 7-55 给出了该领域全球专利申请人的排名情况。

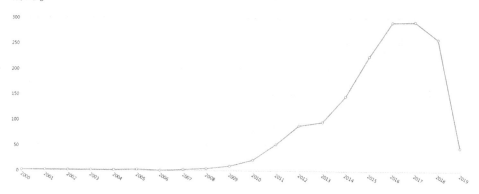

图 7-54　电子封装领域全球石墨烯专利申请趋势

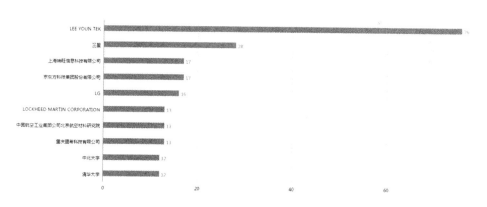

图 7-55　电子封装领域全球石墨烯专利申请人排名

通过对电子封装领域专利数据的进一步分析，可以发现该领域的专利申请主要集中于以下方面的应用，具体技术布局如图 7-56 所示。

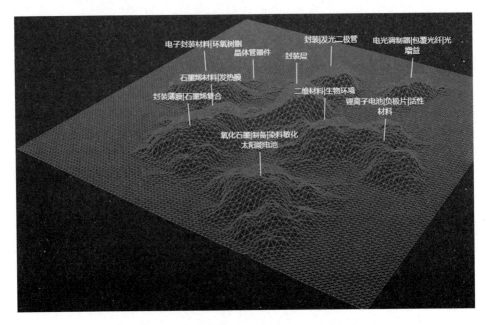

图 7-56　电子封装领域石墨烯专利技术分支布局

7.3.6　触摸屏领域

石墨烯材料在触摸屏领域的专利申请量为 455 件,其中中国发明授权专利为 64 件、实用新型专利为 113 件;美国发明授权专利为 19 件,韩国发明授权专利 22 件,日本发明授权专利 6 件。图 7-57 给出了石墨烯材料在触摸屏领域的全球专利申请趋势,图 7-58 给出了该领域全球专利申请人的排名情况。

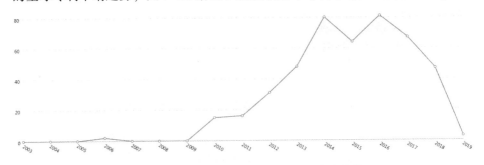

图 7-57　触摸屏领域全球石墨烯专利申请趋势

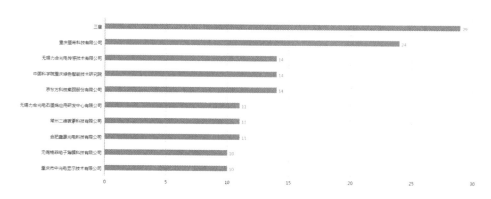

图7-58　触摸屏领域全球石墨烯专利申请人排名

通过对触摸屏领域专利数据的进一步分析，图7-59展示了该领域的专利申请的具体技术布局。

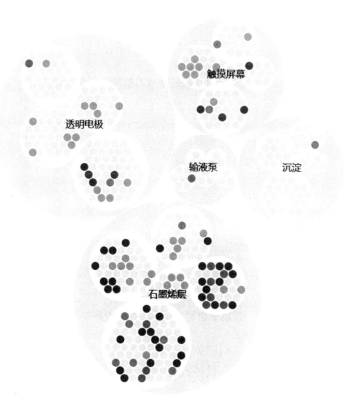

图7-59　触摸屏领域石墨烯专利技术分支布局

7.3.7 透明电极领域

石墨烯材料在透明电极领域的专利申请量为709件，其中中国发明授权专利为73件、实用新型专利为23件；美国发明授权专利为58件，韩国发明授权专利118件，日本发明授权专利13件。图7-60给出了石墨烯材料在透明电极领域的全球专利申请趋势，图7-61给出了该领域全球专利申请人的排名情况。

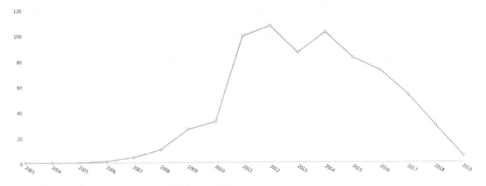

图7-60 透明电极领域全球石墨烯专利申请趋势

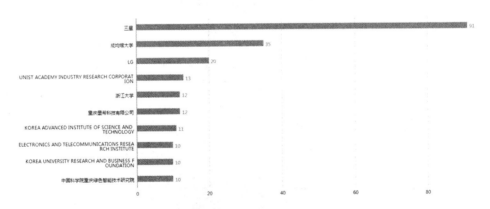

图7-61 透明电极领域全球石墨烯专利申请人排名

通过对透明电极领域专利数据的进一步分析，可以发现该领域的专利申请主要集中于以下方面的应用，具体技术布局如图7-62所示。

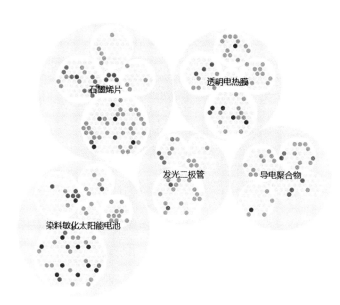

图7-62　透明电极领域石墨烯专利技术分支布局

7.3.8　气体传感器领域

石墨烯材料在气体传感器领域的专利申请量为336件，其中中国发明授权专利为60件、实用新型专利为13件；美国发明授权专利为10件，韩国发明授权专利35件，日本发明授权专利5件。图7-63给出了石墨烯材料在气体传感器领域的全球专利申请趋势，图7-64给出了该领域全球专利申请人的排名情况。

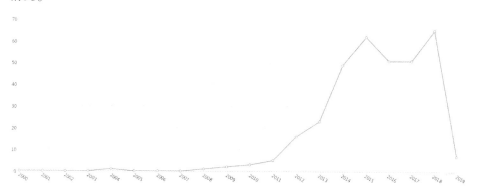

图7-63　气体传感器领域全球石墨烯专利申请趋势

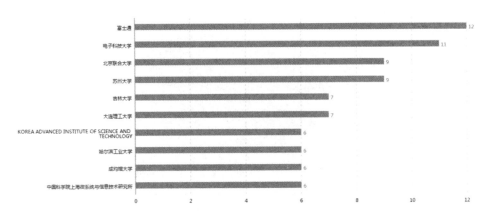

图 7-64　气体传感器领域全球石墨烯专利申请人排名

通过对气体传感器领域专利数据的进一步分析，图 7-65 展示了该领域的专利申请的具体技术布局。

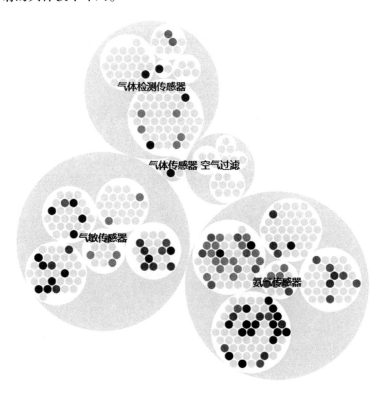

图 7-65　气体传感器领域石墨烯专利技术分支布局

7.3.9　印刷电路领域

石墨烯材料在印刷电路领域的专利申请量为381件，其中中国发明授权专利为36件、实用新型专利为82件；美国发明授权专利为17件，韩国发明授权专利23件，日本发明授权专利4件。图7-66给出了石墨烯材料在印刷电路领域的全球专利申请趋势，图7-67给出了该领域全球专利申请人的排名情况。

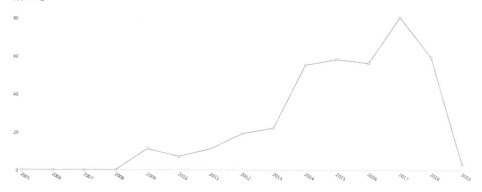

图 7-66　印刷电路领域全球石墨烯专利申请趋势

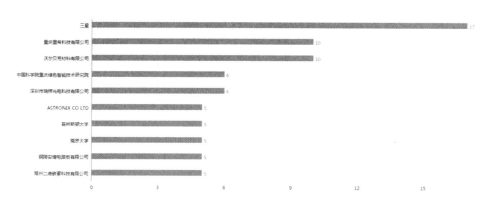

图 7-67　印刷电路领域全球石墨烯专利申请人排名

通过对印刷电路领域专利数据的进一步分析，可以发现该领域的专利申请主要集中于以下方面的应用，具体技术布局如图7-68所示。

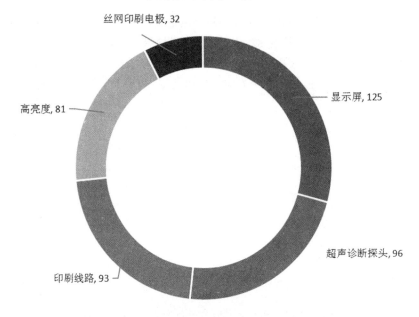

图 7-68　印刷电路领域石墨烯专利技术分支布局

7.4　其他应用领域

石墨烯材料在其他领域的应用主要还包括其在热管理、复合材料、涂料、纺织等领域的应用。

7.4.1　热管理领域

石墨烯材料在热管理领域的应用主要是用到了石墨烯的导热性能，该领域重点技术目前的专利申请量为 4833 件，图 7-69 为热管理领域的全球石墨烯专利申请趋势。在本领域的专利申请中，中国发明授权专利为 607 件、实用新型专利为 928 件；美国发明授权专利为 138 件，韩国发明授权专利为 104 件，日本发明授权专利为 27 件。图 7-70 为热管理领域的全球石墨烯专利申请地域分布。

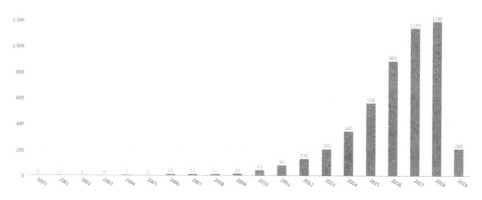

图 7-69　热管理领域全球石墨烯专利申请年代分布趋势（基于申请年）

● 中国 ● 美国 ● 韩国 ● 世界知识产权组织 ● 日本 ● 中国台湾 ● 欧洲专利局(EPO) ● 印度 ● 英国 ● 德国

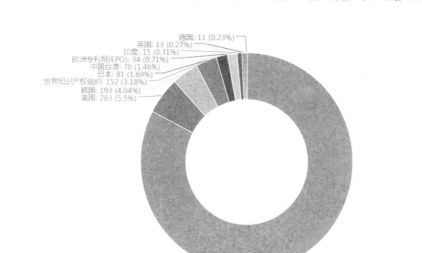

图 7-70　热管理领域全球石墨烯专利申请地域分布

　　图 7-71 为石墨烯材料在热管理领域的全球主要申请人排名，其中排在第 1 位的是美国的纳米仪器技术公司，而排在第 2~9 位的均为中国申请人。

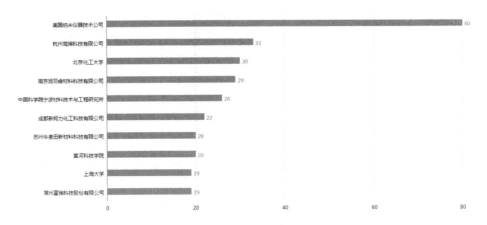

图 7-71　热管理领域石墨烯全球专利主要申请人排名

图 7-72 为石墨烯材料在热管理领域的申请人类型构成（中国），图 7-73 为中国的企业申请人排名，其中企业申请人申请量最多的为杭州高烯科技有限公司，申请量为 33 件。

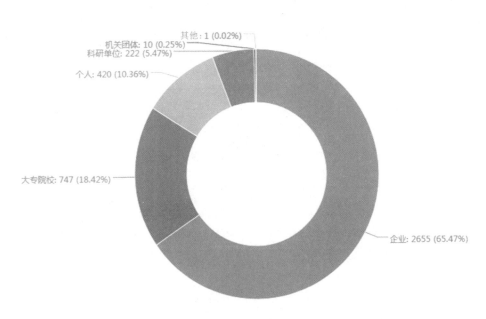

图 7-72　热管理领域石墨烯专利申请人类型构成（中国）

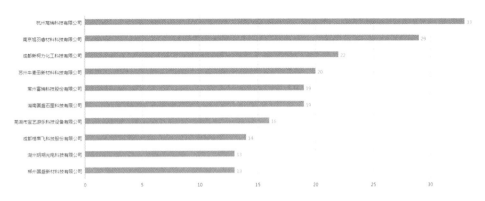

图 7-73　热管理领域石墨烯专利中国企业申请人排名

通过对热管理领域专利数据的进一步分析，可以发现该领域的专利申请主要集中于以下方面的应用，具体专利技术布局如图 7-74 所示。

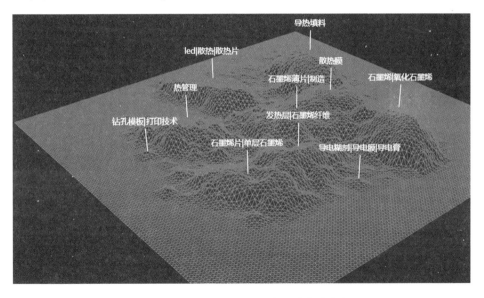

图 7-74　热管理领域石墨烯专利技术分支布局

7.4.2　复合材料

石墨烯材料在复合材料领域的专利申请量为 13 030 件，图 7-75 为复合材料领域的石墨烯全球专利申请趋势。在本领域的专利申请中，中国发明授权专利为 3137 件、实用新型专利为 228 件；美国发明授权专利为 352 件，韩国发明授权专利为 419 件，日本发明授权专利 90 件。图 7-76 为复合材料领域的石墨烯全球专利申请地域分布。

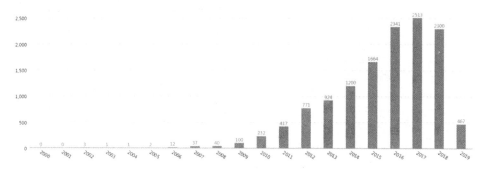

图 7-75　复合材料领域全球石墨烯专利申请年代分布趋势（基于申请年）

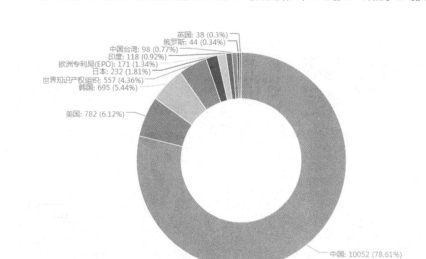

图 7-76　复合材料领域全球石墨烯专利申请地域分布

　　图 7-77 为石墨烯材料在复合材料领域的全球申请人排名，其中以高校申请人为主。

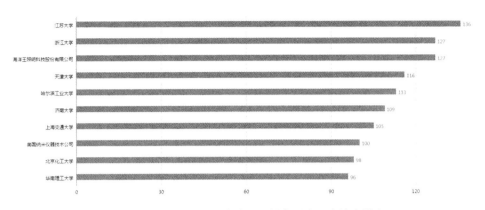

图 7-77 复合材料领域全球石墨烯专利主要申请人排名

图 7-78 为石墨烯材料在复合材料领域的申请人类型构成（中国），图 7-79 为中国的企业申请人排名，其中企业申请人申请量最多的为海洋王照明科技股份有限公司，申请量为 127 件。

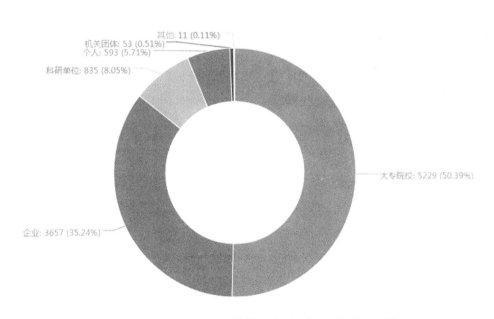

图 7-78 复合材料领域石墨烯专利申请人类型构成（中国）

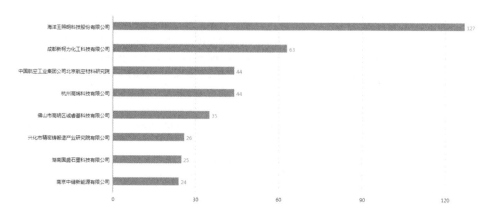

图 7-79　复合材料领域石墨烯专利中国企业申请人排名

通过对涂料领域专利数据的进一步分析，可以发现该领域的专利申请主要集中于以下方面的应用，具体专利技术布局如图 7-80 所示。

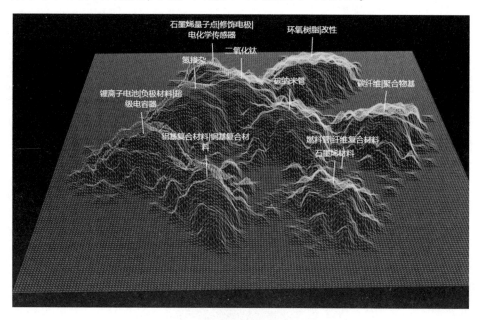

图 7-80　复合材料领域石墨烯专利技术分支布局

7.4.3　涂料领域

石墨烯材料在涂料领域的专利申请量为 8574 件，图 7-81 为涂料领域的石

墨烯全球专利申请趋势。在本领域的专利申请中，中国发明授权专利为 1283
件、实用新型专利为 703 件；美国发明授权专利为 154 件，韩国发明授权专利
为 293 件，日本发明授权专利 51 件。图 7-82 为涂料领域的石墨烯全球专利申
请地域分布。

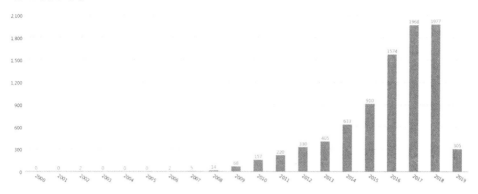

图 7-81　涂料领域全球石墨烯专利申请年代分布趋势（基于申请年）

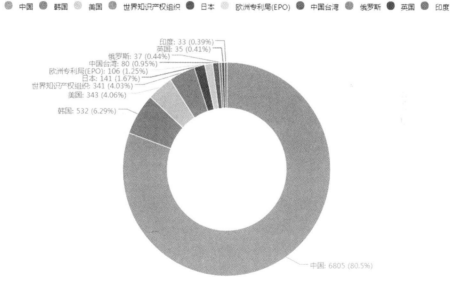

图 7-82　涂料领域全球石墨烯专利申请地域分布

图 7-83 为石墨烯材料在涂料领域的全球申请人排名，排在前十的均为中
国申请人。

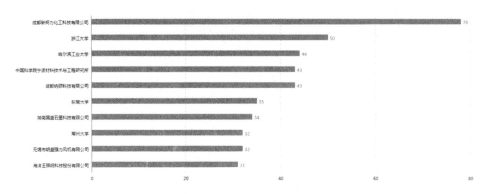

图7-83　涂料领域石墨烯全球专利主要申请人排名

图7-84为石墨烯材料在涂料领域的申请人类型构成（中国），图7-85为中国的企业申请人排名，其中企业申请人申请量最多的为成都新柯力化工科技有限公司，申请量为78件。

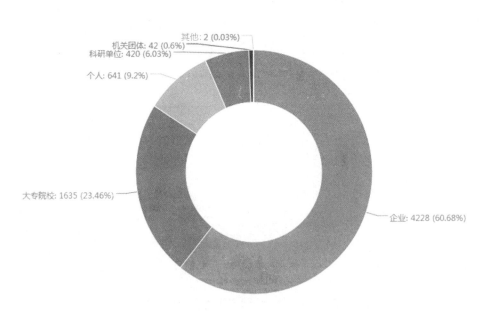

图7-84　涂料领域石墨烯专利申请人类型构成（中国）

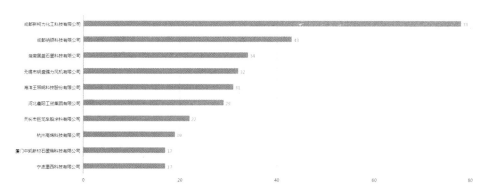

图 7-85　涂料领域石墨烯专利中国企业申请人排名

通过对纺织材料领域专利数据的进一步分析，可以发现该领域的专利申请主要集中于以下方面的应用，具体专利技术布局如图 7-86 所示。

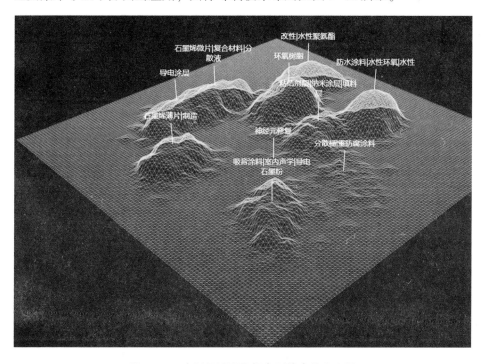

图 7-86　涂料领域石墨烯专利技术分支布局

7.4.4 纺织领域

石墨烯材料在纺织领域的专利申请量为2806件，图7-87为纺织领域的石墨烯全球专利申请趋势。在本领域的专利申请中，中国发明授权专利为423件、实用新型专利为177件；美国发明授权专利为67件，韩国发明授权专利为89件，日本发明授权专利24件。图7-88为纺织领域的石墨烯全球专利申请地域分布。

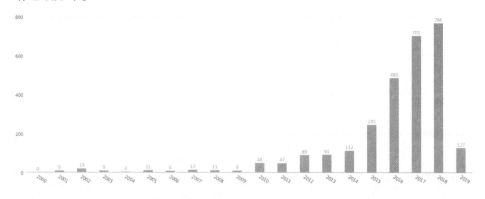

图7-87　纺织领域全球石墨烯专利申请年代分布趋势（基于申请年）

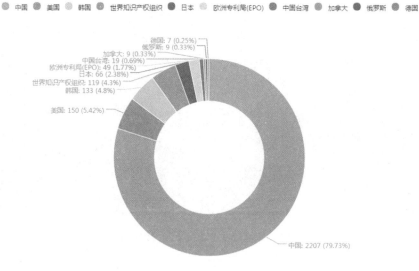

图7-88　纺织领域全球石墨烯专利申请地域分布

图 7-89 为石墨烯材料在纺织领域的全球申请人排名，申请量排在前十的均为中国申请人。

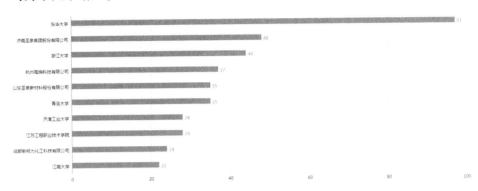

图 7-89　纺织领域全球石墨烯专利主要申请人排名

图 7-90 为石墨烯材料在纺织领域的申请人类型构成（中国），图 7-91 为中国的企业申请人排名，其中企业申请人申请量最多的为济南圣泉集团股份有限公司，申请量为 48 件。

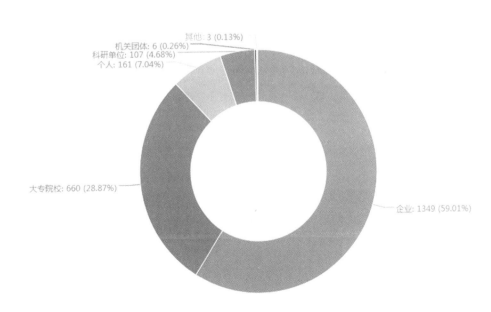

图 7-90　纺织领域石墨烯专利申请人类型构成（中国）

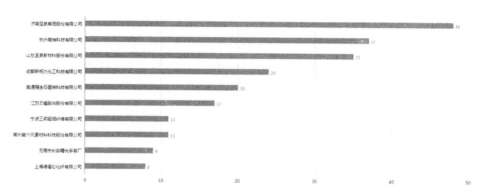

图 7-91　纺织领域石墨烯专利中国企业申请人排名

通过对复合材料领域专利数据的进一步分析，可以发现该领域的专利申请主要集中于以下方面的应用，具体专利技术布局如图 7-92 所示。

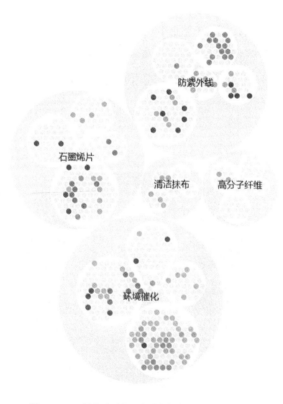

图 7-92　纺织领域石墨烯专利技术分支布局

第八章　石墨烯专利技术发展整体概述
及发展意见

8.1　国外及中国石墨烯技术整体发展态势

石墨烯相关专利的申请在 20 世纪末就已出现，但随后发展较为缓慢。从 2010 年开始，石墨烯这种世界上最薄且最坚硬的材料激起了全世界的研发热潮。专利申请数量开始持续大幅增长，热度至今不减。石墨烯专利技术主要集中在电极、电池、纳米材料、电容器、半导体器件、涂料等领域。我国目前是石墨烯领域专利申请量最多的国家，其后依次是美国、韩国、世界知识产权组织、日本，欧专局等，而近三年的主要申请国家排名趋势也是上述趋势，最为活跃的国家和地区包括：中国、美国、世界知识产权组织、韩国、日本、欧专局，其近 3 年专利申请占比分别为 69.56%、25.98%、42.91%、20.15%、22.54%、27.99%。石墨烯全球专利申请数量排在前 94 位的申请人，来自中国的申请人占比最高，其次是韩国，美国和日本。从 2010 年开始，石墨烯全球专利的转让量快速增长，并且一直保持上升趋势。转让人中排名靠前的以个人居多，而受让人则以公司为主。

21 世纪初，石墨烯技术开始在中国有少量专利申请量，从 2011 年开始，中国专利申请量增长迅速，并且一直保持着明显的增长趋势，这说明我国在该领域的关注力度、投入力度都较大。中国本土申请人的申请量达到了 97.63%，占据了该领域中国申请的绝大部分。石墨烯中国专利申请数量排在前 50 位的申请人中高校申请占比最高。石墨烯领域在国内地域分布比较集中，各地域之间申请量差距较大，主要申请人集中在江苏、广东、安徽、浙江、北京等省市。

8.2 国内外主要参与者概况

国内的主要参与者有：海洋王照明科技股份有限公司，目前共申请427件石墨烯技术相关专利，其中发明专利授权142件、实用新型专利4件，申请集中在2010—2013年这四年，主要涉及石墨烯复合、掺氮石墨烯、碳纳米管、硼掺杂、超级电容电池这几个技术分支，包括了产品结构、工艺方法、实际应用等方面。中国科学院宁波材料技术与工程研究所目前共申请264件石墨烯技术相关专利，其中发明专利授权128件、实用新型专利5件，中国科学院宁波材料技术与工程研究所从2009年一直持续申请石墨烯相关专利，申请的专利主要涉及的技术分支包括太阳能吸收涂层、石墨烯导热膜、液相制备方法、加氢裂化催化剂、锂离子电池。中国科学院重庆绿色智能技术研究院目前共申请203件石墨烯技术相关专利，发明专利授权88件、实用新型专利46件，2014—2016年专利申请量最多，申请的专利主要涉及的技术分支包括纳米墙、压力传感器、大面积、石墨烯量子点、载具。京东方科技目前共申请141件石墨烯技术相关专利，其中发明专利授权52件、实用新型专利5件，在2014—2017年出现申请高峰，申请的专利主要涉及的技术分支包括发光显示面、二氧化硅衬底、触控电极、像素驱动电路、太阳能电池。杭州高烯科技目前共申请137件石墨烯技术相关专利，其中发明专利授权6件、实用新型专利7件，同样在2014—2017年出现申请高峰，申请的专利主要涉及的技术分支包括氧化石墨烯、复合膜、防紫外、电热手套。中国航空工业集团目前共申请109件石墨烯技术相关专利，其中发明专利授权26件，申请从2012年开始，2015年的专利申请数量最多，申请的专利主要涉及的技术分支包括蒙乃尔合金、复合粉体、叠层复合材料、耐热涂料、电子封装材料。

国外的主要参与者有：IBM公司目前在全球共申请421件石墨烯相关专利，其中美国发明专利授权210件，中国发明专利授权31件，申请数量在2012年最多，在2013年之后申请量开始减少，中国是其最为重视的外国市场。主要涉及栅极电介质、半导体芯片、势垒金属层、电化学刻蚀、霍尔传感器等技术。威廉马歇莱思大学目前在全球共申请208件石墨烯相关专利，其中美国发明专利授权23件、中国发明专利授权3件，威廉马歇莱思大学在全球的专利布局主要涉及美国、欧洲、中国、加拿大等地，技术分支主要包括稳定化、石墨烯氧化物、阵列电极、碳源、磁性等技术。德克萨斯大学目前在全球共申请 55 件石墨烯相关专利，其中美国发明专利授权 12 件，技术分支主要涉及透明导电薄膜、碳酸丙烯酯、石墨烯氧化物、超级电容器等技术。纳米技术仪器公司目前在全球共申请 310 件石墨烯相关专利，其中美国发明专利授权 120 件、中国发明专利授权 5 件，在全球的专利布局主要集中在美国、中国、韩国、日本等地，其专利申请的技术分支主要涉及氧化石墨烯、锂离子电池、石墨烯片、电极活性材料、超声破碎等技术。沃尔贝克材料有限公司目前在全球共申请 75 件石墨烯相关专利，其中美国发明专利授权 13 件、中国发明专利授权 3 件，在全球的专利布局以美国本土为主，其他地区主要包括欧洲、中国、韩国等地，在石墨烯领域的专利申请涉及的技术分支主要包括聚合物、石墨烯、诊断系统等技术。韩国三星集团目前在全球共申请 1105 件石墨烯相关专利，其中韩国发明专利授权 66 件、美国发明专利授权 238 件、中国发明专利授权 52 件，在全球的专利布局主要包括韩国、美国、中国、日本、欧洲等地，技术分支主要涉及热电材料、二维材料、光发射、透明电极、硬掩模等技术。LG 集团目前在全球共申请 408 件石墨烯相关专利，其中韩国发明专利授权 20 件、美国发明专利授权 24 件、中国发明专利授权 21 件，全球的专利布局主要包括韩国、中国、美国、欧洲等地，技术分支主要包括碳纳米管纤维、碳晶板、有机发光二极管、锂离子电容器、空气净化剂等技术。成均馆大学目前在全球共申请 344 件石墨烯相关专利，其中韩国发明专利授权 89 件、美国发明专利授权 36 件、中国发明专利授权 3 件，在石墨烯领域的专利申请涉及的技术分支主要包括表面等离激元、薄膜半导体、石墨烯复合、场效应晶体管、触摸传感器等技术。韩国科学技术研究院目前在全球共申请 145 件石墨烯相关专利，其中韩国发明专利授权 50 件、美国发明专利授权 27 件、中国发明专利授权 2 件，在全球的专利布局以韩国本土和美国为主，技术分支主要包括表面等离激元、薄膜半导体、石墨烯复合、场效应晶体管、触摸传感器等技术。

8.3　江苏省石墨烯技术专利发展现状

国内石墨烯业界广为流传一句话"世界石墨烯看中国，中国石墨烯看江苏"。虽不准确，但也侧面说明江苏省石墨烯产业发展在全国具有一定的领先优势和代表性。单从专利技术申请态势看，江苏省石墨烯产业处于快速发展阶段，来自江苏省的石墨烯专利申请有 8349 件，发明占据了主要地位，授权专利已占到 30.75%，排在前 50 位的申请人中，企业申请占比最高，共有 24 个申请人。此外，还包括 22 家大专院校、2 家研究所以及 2 位个人申请。

常州第六元素材料科技股份有限公司目前共申请 87 件石墨烯技术相关专利，其中发明专利授权 39 件、实用新型专利 2 件，专利申请涉及的技术分支主要包括石墨烯导热膜、复合改性、石墨烯基、浆料稳定性等技术。无锡格菲电子薄膜科技有限公司目前共申请 86 件石墨烯技术相关专利，其中发明专利授权 37 件、实用新型专利 12 件，涉及的技术分支主要包括石墨烯导电薄膜、生长衬底、透明导电电极、透明电热膜、刻蚀液等技术。江南石墨烯研究院目前共申请 47 件石墨烯技术相关专利，其中发明专利授权 15 件、实用新型专利 4 件，涉及的技术分支主要包括纳米球、银纳米粒子、自组装、生物传感器、石墨烯电极等技术。常州二维碳素科技股份有限公司目前共申请 93 件石墨烯技术相关专利，其中发明专利授权 23 件、实用新型专利 46 件，涉及的技术分支主要包括纳米球、银纳米粒子、自组装、生物传感器、石墨烯电极等技术。无锡东恒新能源科技有限公司目前共申请 57 件石墨烯技术相关专利，其中发明专利授权 8 件、实用新型专利 26 件，涉及的技术分支主要包括超声场、转型、分散系统、连续化、生长等技术。

8.4 石墨烯产业发展建议

为推动石墨烯产业的进一步发展，真正体现其应用价值，需重点突破石墨烯材料的标准化和低成本化，采取一条龙的模式将材料生产、应用开发、终端应用等环节串起来，积极推动石墨烯材料示范应用，构建应用产业链，加强石墨烯标准体系建设，搭建产业创新平台。具体而言，有以下四条产业发展建议。

8.4.1 做好产业规划

石墨烯产业属于战略新兴产业，要促进产业健康发展离不开良好的产业规划。建议各个地方可结合当地产业发展特色，做好石墨烯产业的中长期发展规划，明确产业发展的阶段目标、重点任务和保障措施等，使产业发展总体有序。目前来看，需要先做好三个方面的规划：一是要做好上游原材料的开发部署，秉着"集约高效"的原则，统筹开发石墨资源，为石墨烯产业的后续可持续发展提供充足资源保障。二是要做好石墨烯加工和应用领域的市场引导，减少市场上的浮夸和盲目跟进，保障产业的平稳有序。三是要站在国家科技战略的高度，对石墨烯技术研发进程做出合理安排改变"零散的、单打独斗式"的技术研发模式，集中有限的科研资金和人力，向石墨烯高端技术应用领域进军，在石墨烯产业竞争格局中奠定有利地位。有必要通过政府政策引导，围绕我国经济社会发展和国家安全重大需求，整合创新、产业化等资源，抓住重点，实施多项重大工程，开发一批标志性、牵引推动作用强的重点产品和代表工艺，提升自主开发设计水平和系统集成能力。

8.4.2　在重点行业中进行应用示范

坚持石墨烯发展一盘棋和分行业指导相结合，统筹规划，整合资源，合理布局，明确石墨烯发展大方向。鼓励全民创新，引导创新成果转化，扎实提高基础科学理论水平，促进各行业深度发展，总结积累产业化经验，加快推动石墨烯应用整体水平提升，开展重点行业的应用示范工作。例如利用石墨烯及相关材料，制作生物传感器，化学传感器，功能涂层和界面，高能量转换效率电极、高容量电池、电容、储能设备、纳米流体、纳米谐振器，半导体器件，射频用无源组件，柔性电子器件可穿戴智能设备工程、储能工程、高效新能源工程等。

8.4.3　突破产业制约瓶颈

中国的石墨烯产业正处于从实验室走向产业化的进程中，产业的发展方向、盈利模式等还不明朗，存在多方面的制约。政府应及时介入引导，助力产业突破瓶颈。一是突破市场规模小的瓶颈。要培养龙头领军企业，深入落实"放、管、服"理念，找出关键的少数，精准扶持，帮助其做大、做强，产生行业示范引领作用，推动市场规模整体做大。二是突破高端人才短缺的制约。一方面要注重引智，聚智和培智，加大对一流石墨烯技术研发人才的引进力度；另一方面要做好顶尖人才的培育，通过大力实施"创新人才推进计划"等，培育青年领军人才，逐步建立起一支研发能力强、富有创新力的顶尖石墨烯技术研发梯队。三是突破资金短缺的障碍。要搭建良好的融资发展平台，利用政策措施激发市场积极性，发展符合石墨烯产业特征的金融产品和服务，使天使投资、科技保险、科技小贷等新型金融业态成为保障石墨烯产业发展的有力资金渠道。产学研用多渠道协同推进石墨烯产业化进程，通过生产单位、学校、科研机构和用户等相互配合，集中各自优势资源，形成研究、开发、生产、应用一体化高效系统，在运行过程中发挥综合优势，提高产业链从实验成果到实际应用的整体效率，降低转化成本。建立石墨烯上游生产企业，包括石墨矿企、设备生产企业，和下游应用企业，包括电子、电池、生物医药、航空航天企业等与高校、研究院所等科研机构的产业联盟、技术创新联盟等。提炼共性技术，加强石墨烯公共技术服务，降低石墨烯产业化进程中的时间、资金、技术、工艺、设备、人才等成本，为行业有序发展提供一个高标准高质量的起点和合作渠道。

8.4.4　利用创新平台集聚发展

完善石墨烯创新体系建设，加强顶层设计，加快建立以创新中心为核心载体、以公共服务平台和应用产业数据中心为支撑的石墨烯创新网络。建立以市场为主导的创新和应用方向选择机制以及鼓励创新的风险分担、利益共享机制。建立石墨烯创新产业园区和基地，引进科技成果转化孵化器和技术产业化加速器。利用地方人才、资源、资金等优势发展产业集群，集聚新兴产业，发挥产业集聚效应，加速石墨烯创新和应用突破及产业化进程。建设一批促进石墨烯协同创新和产业化的公共服务平台，规范行业标准，开展技术研发、技术评价、技术交易、检验检测、质量认证、人才培训等专业化服务，提高科技成果转化效率和推广应用速度。

8.4.5　关注重点企业，布局重点领域

应该关注国内外的重点企业及企业的专利布局，避免上述重点企业的专利壁垒，但同时也可以从上述企业的布局热点来获取石墨烯产业的研发热点，从而进行相关技术研究。

从本书整个石墨烯专利态势监测概述来看，建议石墨烯相关生产企业加强在高附加值的传感器领域，如 pH 传感器、气体传感器、生物传感器等领域。加强在柔性锂离子电池，柔性超级电容，柔性皮肤，智能穿戴，柔性透明导电薄膜等领域。

参考文献

［1］滕瑜，等．新材料石墨烯及产业化发展与前景［J］．昆明冶金高等专科学校学报，2017，33（5）：1-6.

［2］王玉姣，等．石墨烯的研究现状与发展趋势［J］．成都纺织高等专科学校学报，2016，33（1）：1-18.

［3］周银．石墨烯的制备方法及发展应用概述［J］．兵器材料科学与工程，2012，35（3）：86-90.

［4］Berger C，Song Z，Li T，et a1．Ultramin epitaxial gmphite：2D electron gas propenies and a route toward graphene-based nanoelectronics［J］．Joumal Physical Chemistry B，2004，108：19912-19916.

［5］Pu N，Wang C，Sung Y，et al．Production of few－layer graphene by supercritical CO2 exfoliation of graphite［J］．Materials Letters，2009，63（23）：1987-1989.

［6］Janowska I，Chizari K，Ersen O，et al．Microwave synthesis of large few－layer graphene sheets in aqueous solution of ammoni［J］．Nano Research，2010，3（2）：126-137.

［7］田桂丽，等．我国石墨烯产业发展评述［J］．化学工业，2018，36（2）：20-23.

［8］A roadmap for graphene，K. S. Novoselov et al.［J］．Nature，2012，490：192-200.

［9］暴宁钟，等．石墨烯新材料发展现状与研发应用挑战［J］．工信论坛，2018，8：47-54.

［10］张芳，等．石墨烯技术及产业发展现状［J］．全球科技经济瞭望，2014，29（5）：45-51.

［11］滕牧．石墨烯基材料在超级电容器中的应用［J］．电子元件与材料，2014，33（9）：11-13.

［12］Schedin F，Geim A K，Morozov S V，et al．Detection of individual gas molecules adsorbed on graphene [J]. Nature materials, 2007, 6 (9): 652-655.

[13] Shan C, Yang H, Song J, et al. Direct electrochemistry of glucose oxidase and biosensing for glucose based on graphene [J]. Analytical Chemistry, 2009, 81 (6): 2378-2382.

[14] Bo Y, Yang H Y, Hu Y, Yao T M, Huang S S. Electrochim [J]. Acta, 2011, 56 (6): 2676-2681.

[15] 张文毓. 石墨烯应用研究进展综述 [J]. 新材料产业, 2011, 7: 57-59.

[16] Stankovich S, Dikin D A, Dommett G H B, et al. Graphene- based composite materials [J]. Nature, 2006, 442: 282-286.

[17] Yu A, Ramesh P, Itkis M E, et al. Graphite nanoplateletepoxy composite thermal interface materials [J]. J Phys Chem C, 2007, 111 (21): 7565-7569.

[18] 蔡依晨, 等. 可穿戴式柔性电子应变传感器 [J]. 中国科学, 2017, 62 (7): 635-649.

[19] 程琦, 等. 柔性储能器件的发展现状及展望 [J]. 江汉大学学报 (自然科学版), 2016, 44 (3): 197-204.

[20] 于佐君, 等. 功能性材料创新在智能服装发展中的应用 [J]. 西安工程大学学报, 2019, 33 (2): 129-135.

[21] 彭帅, 等. 科学—技术—产业关联视角下石墨烯发展国际比较——基于专利的计量研究 [J]. 中国科技论坛, 2019, 4: 181-188.

[22] 孙棕檀. 石墨烯材料技术发展及产业化影响简析 [J]. 2018 年北京科学技术情报学会学术年会—智慧科技发展情报服务先行"论坛论文集, 2018: 1-10.